成就感

让平庸的生活遇见唯独不可以平庸的你

庞金玲◎编著

中国纺织出版社

内 容 提 要

每个人都有自己要走的路，只有选择一条让你拥有成就感的路，才能走得更长远，更有信心，否则也只是无意义的散步罢了。世上真正的成就不可能一蹴而就，需要每天一砖一瓦扎实做起。只要以一颗自在的心，组合各方力量，就能发挥生命的无限潜能，获得人间大成就。

图书在版编目（CIP）数据

成就感／庞金玲编著．-- 北京：中国纺织出版社，2019.7

ISBN 978-7-5180-6048-1

Ⅰ．①成… Ⅱ．①庞… Ⅲ．①成功心理－通俗读物 Ⅳ．①B848.4-49

中国版本图书馆CIP数据核字（2019）第055748号

责任编辑：闫星　　　　责任印制：储志伟

中国纺织出版社出版发行

地址：北京市朝阳区百子湾东里A407号楼　邮政编码：100124

销售电话：010-67004422　传真：010-87155801

http：//www.c-textilep.com

E-mail：faxing@c-textilep.com

中国纺织出版社天猫旗舰店

官方微博 http://weibo.com/2119887771

三河市延风印装有限公司印刷　　各地新华书店经销

2019年7月第1版第1次印刷

开本：880×1230　1/32　印张：6.5

字数：168千字　定价：39.80元

让平庸的生活遇见唯独不可以平庸的你，让成就感填满你脚下的路，走出一个属于自己的别样人生。

自序

去年，我和朋友一起去露营。露营基地有一个漂流项目。但是因为漂流的地方水流太缓慢，所以需要自己划船前行。

我并不是很擅长划船，一直在原地打转，那一刻，我十分沮丧，不仅没有体验到漂流的乐趣，反而有种想放弃的念头。

同船的朋友鼓励我说："别着急，你别老想着全程有多长，只要你把眼前的这段距离划出去就好了。"在朋友的鼓励下，我们一起漂到了终点。

当沿河所有风景尽收眼底时，我在心里默默地想，还好没放弃，要不然该多么遗憾啊！

那一刻，我内心充满了成就感，觉得自己做了一件十分了不起的事情，心情也随着岸边的风景豁然开朗。

那么，究竟什么是成就感呢？

成就感

台湾著名教育家龙应台对儿子说过这样一句话：“孩子，我要求你读书用功，不是因为我要你跟别人比成绩，而是我希望你将来会拥有选择的权利，选择有意义、有兴趣的工作，而不是被迫谋生。当你的工作在你心中有意义，你就有成就感。当你的工作给你时间，不剥夺你的生活，你就有尊严。成就感和尊严，给你快乐。”

所谓的成就感，其实就是当我们内心的愿望与现实一致时，所产生的一种美妙的感觉，它是一种积极的心理暗示和一种内心的满足，它能够让我们收获快乐和自信，让我们觉得自己的人生是有价值的。它的获得，离不开时间和精力的付出。

人生路漫漫，到底什么样的人生才叫成功的人生？这个问题没有标准答案。但是，有一点可以确定，在这条通往成功的路上，“成就感”是不可或缺的调味品。没有成就感的人生，就像没有调味料的菜，十分枯燥乏味。

事实上，在现实的生活中，许多人并非不明白“成就感”的意义，而是不知道究竟该如何去获得成就感。他们总是一边高喊着需要成就感，一边又躲进自己的舒适圈，不愿意努力和付出。这样的现状常常引发我的深思：究竟有没有一种方法，可以帮助到更多迷茫的年轻人，为他们平庸的人生，增加一点成就感的厚度，让平庸的生活遇见不甘平庸的你！

生活就像一盒巧克力，你永远不知道你会得到什么。人生剧本该由自己书写，别害怕，勇敢地走出第一步，改变一些人、一些事，岁月会赐予你想要的巧克力。

让平庸的生活遇见不甘平庸的你，让成就感填满你脚下的路，走出一个属于自己的别样人生。

编著者

2017 年 10 月

目录

第 1 章

成就感不是为了证明什么，而是让自己活得有尊严

第 2 章

每年，我都有 365 天想辞职

第 3 章

成就“硬核”生活就是这么简单

第 4 章

有趣的灵魂，让你与众不同

第 5 章

没有坚持下去的理由，那就找一个重新开始的契机

第 6 章

我们的许多难过，只是因为自己想太多

第一章

成就感不是为了证明什么，而是让自己活得有尊严

台湾著名教育家龙应台对儿子说过这样一句话:“孩子，我要求你读书用功，不是因为我要你跟别人比成绩，而是我希望你将来会拥有选择的权利，选择有意义、有兴趣的工作，而不是被迫谋生。当你的工作在你心中有意义，你就有成就感。当你的工作给你时间，不剥夺你的生活，你就有尊严。成就感和尊严，给你快乐。”

又累又没有成就感？因为你无效努力太多

你是否有过这样的困惑：

每天上班，来得最早的是你，走得最晚的也是你，可是升职加薪的时候就是不见你；

咬咬牙，花掉两个月的工资办了张健身卡，可是三个月过去了，体重不降反升；

费尽心思追了好久的女神，最后还是投入别人的怀抱；

起早贪黑背理论、做习题，公务员还是没考上；

……

为什么付出了这么多，生活得那么累，还是没有成就感？

答案是：你的无效努力付出得太多了。

事实上，我们大部分的时间都是在做无效努力。为什么会这样呢？因为你付出的努力和设定的目标不匹配。

文菲是一个写手，也是我的朋友。她给自己定下了一个目标：今年公众号的粉丝一定要达到3万。

于是她每天找选题，埋头苦写，头发一抓掉一把。

我实在是心疼她，便对她说："要不你把文章发在豆瓣、知乎、微博上，看的人多了，关注的人不也就多了吗？说不定还能收获什么惊喜。"

文菲说："可是我觉得我写得还不够好，不敢发，怕别人笑话。"

我说："既然如此，你当初为什么要定这么高的目标呢？如果没有做到，岂不是很有挫败感。何不先定一个小目标，收获一波成就感，接下来也有动力，不是吗？"

文菲对自己的能力和设定的目标没有一个清晰的认知，所以给自己设定了一个过大的目标。如果文菲迟迟看不到成效，那么她很可能会怀疑自己，渐渐不认同这个目标，进而放弃。

通常来说，当我们在做一件自己无法认同的事情时，基本上是没有成功的可能的，即使成功了，自己也不会收获多大的成就感。这就是心理学中的"不值得定律"。

当然，连目标是什么都不知道的人就更不用说了。他们常常会用"假装努力"来麻痹自己，为自己求一个心安，并安慰自己：我正在努力变好，如果我没变好，那就是生活对我不好。

拉倒吧，别以为生活抛弃了你，生活根本没空搭理你。

很多人觉得，我写这么多书，一定很有成就感吧。其实，我想说，我还是挺幸运的，我一直坚持在写文章，我的目标很简单，只要我写的内容有人看，有人与我互动就行了，互相调侃更欢迎。

后来，我向一些大号投稿，有几篇文章引起了读者的共鸣，越来越多的人开始关注我的公众号，我有了第一批粉丝。

如果我当初给自己定下“宏图大略”，却迟迟无法实现自己的目标，我现在就不会在这里和大家分享我的心得了。

没有做好时间管理，也会让你觉得“又累又没有成就感”。

低效率的努力只会让我们感觉更焦虑，而且会产生“为什么别人那么轻松就做好了，我付出双倍的努力还做不好？”这种消极的想法，这样只会恶性循环。

因此，在大家努力的过程中，一定要在有效的时间内做有效果的事情。“二八法则”告诉我们：时间要花在该花的地方。

参加工作后，我想提升一下自己，决定试着考一下高级BEC（商务英语）。可不巧的是，一位前辈请我帮忙，她的孩子即将高考，想让我帮忙补习英语。

我觉得凭我的能力，应该可以应付得过来。可是我错了，如果帮孩子补习，回家就复习不了考试内容，当天要复习就上不了课。我陷入了两难，前辈之前帮过我挺多的，我也不好拒绝，但是考试我也不能放弃。

后来我权衡了一下，决定把注意力先放在补课上，至于复习我可以利用碎片时间先练习基础，等孩子高考后，再花时间攻破难点。事实证明我的安排是对的，当我全心全意给前辈的孩子补习时，我掌握了很多基础语法，这为我节省了很多复习时间。

一个人的时间和精力是有限的，想要做得面面俱到，可能性几乎为零，因此要学会合理安排自己的时间和精力。

如果你坚持要面面俱到，不如先各个击破。把80%的时间放在重要的事情上，再用剩下20%的时间，带动其余事情的发展。

除了客观原因会导致我们看不到付出的回报，没有成就感，还有一部分主观原因：我们陷入了“达标谬论”的怪圈。简单来说就是，我们确定了很多积极的目标来填满我的生活，并且也做到了，可是我们还是没有成就感。

为什么会这样呢？因为在我们朝着目标进发的过程中，会对最后的结果产生期待，进而产生情绪上的愉悦感，觉得最后的结果就应该是这样的。

也就是说，我们已经提前感受成就感了。由于前期我们接受了太多这种思想麻痹，所以当目标真正达成的那一天，我们并没有那么开心。

前段时间我给自己放了一个小假，去了我一个一直很向往的地质公园。图片上险峻的大峡谷、整齐如刀切的悬崖、壮观的云海，都让我心驰神往。于是，我收拾好行李，愉快地上路了。

可是天公不做美，第二天下大雨，盘山公路之险、路途之长、天气之恶劣都让我开始后悔这趟旅行。

到了景区门口，售票大厅挤得满满的都是人，进了景区，栈道上挤得满满的都是人；坐了索道上山，观景台挤得满满的都是人；游览完毕准备返程，停车场挤得满满的都是人。难道照片上看的都是假的吗？难道我来了个假的大峡谷？返回酒店躺在床上，我真的又累又没有成就感。

我也掉入了“达标谬论”的陷阱。

那么，我们怎么才能避开这个陷阱呢？

其实很简单。我们要善于发现快乐，把注意力放在过程而不是结果上。

有心理专家研究表明，一个人的内在动力是成就感最大的驱动力。就是说，如果你是发自内心想做这件事，对这件事有极大的渴望，那么最后，你获得的成就感也会越多。

其实，我也可以换个角度看这趟旅程，虽然人多，但是我帮助很多热情乐观的叔叔阿姨拍照，从他们身上我学到了对生活的热情；观景台上人很多，可是我站在另一个角度，看到了更为壮观的云海；栈道上都是人，可我克服内心恐惧，走在悬崖边的栈道上，这也是进步啊。

我们应该根据自己的兴趣爱好设置目标，关注追逐的过程，而不是最后的结果。

我们都是普通人，不是法力无边的神仙。也许有的人内心非常强大，强大到不需要这一点点成就感来安慰，依然可以坚持前行。可是，内心不够强大的我们，都需要这微不足道的成就感安慰自己，让自己有继续奋斗的动力。

愿你能坚持做自己喜欢的事情，再也不做无用功，早日收获成就感。

人生中的成就感，不是通过比较得来的

我们从小就被“别人家的孩子”虐得体无完肤，一直在比较中成长。

传统教育认为，有比较才有进步，所以，我们进入学校之后，就慢慢变成了斤斤计较的人。“常胜将军”不想输，因此不断给自己施加压力；而那些一直输的人呢？抱着破罐子破摔的心态，渐渐放弃自己。

比较，看似让我们充满上进心，殊不知我们却在相互比较中渐渐丧失自我，人生目标狭隘到只剩下输与赢，仿佛只有赢才能证明我们成功，输了就一败涂地。当“常胜将军”突然输了，他会怀疑这个世界。但是，真正的成就感并不是在比较中得来的。

曾经有位大型餐饮连锁企业的董事长接受采访，记者问他："您 16 岁就从农村走了出来，从在后厨洗盘子、搬货、传菜，直至今天，您的事业取得了这么大的成就，而当时和你一起工作的人，可能还在后厨洗盘子。那么，您当时知道以后会和他们有这么大的差距吗？"

"我不知道，我没想过这个问题。"他如是说："老实说，我在奋斗的路上，真的没有注意过其他人。"他从来没把那些洗盘子、传菜的同事当做比较对象，他的眼里只有一条通向目标的笔直道路。如果他只想成为服务员中最优秀的，也许今天就不会有这位餐饮大亨了。

不要因为在攀登的路上滑了一跤，就忘了自己要征服珠穆朗玛峰。太过关注别人行进的速度，忘记自己的目标和节奏，反而会使我们失去更多。

我高中的时候，英语成绩不太好，总是拉总分数的后腿。我并不是不努力，而是真的没有天分。因此，我只能在其他的科目上多费费工夫，来弥补英语的不足。通过这种"取长补短"的办法，我的成绩还说得过去。尽管英语放弃了我，但是我并没有放弃英语。

有次英语考试，我取得了全班第三的好成绩。当时，同学都很惊讶，他们觉得平时英语那么差的我不可能取得那么好的成绩。在大家的议论声中，排名第五的课代表大声质问我是不是在老师那补课了，老师放水给我了。我当时非常尴尬，心想：为什们你们没有看到我的努力呢！

有时候，“不太理想”并不是差，而是意味着还有“更理想”的路。现在“不太理想”也不代表以后不会“更理想”。争输赢没有多大的意义，我们真正的成就感，不是通过比较得到的。

漫漫人生中我们避免不了竞争，但是可以避免恶性竞争，赢得更多成就感。

我们的身边充满了各种诱惑，我们必须要学会抵制诱惑。在面对诱惑时，保持清醒的内心，做出正确的选择。鱼和熊掌不可兼得！

一位愁容满面的年轻人去找高僧，想让高僧帮忙开解他的烦恼。

这位年轻人大学毕业后踌躇满志，可是好几年过去了，依旧一事无成。他找到高僧时，高僧正在禅房打坐，他面带微笑地倾听年轻人朝他大吐苦水。

听完年轻人的讲述，高僧对他说：“能不能请你帮我烧一壶开水。”

年轻人看着墙边的灶台放着一个水壶，但四处打量一番没有柴火，于是便到后山捡了一些柴火回来。

他打了满满一壶水放在灶台上面烧。可是捡来的柴火都烧完了，水还没有开，于是他又到后山捡柴火，等他回来，水都凉了，又得重新烧。

这次他想了一个办法，并没有急于点火烧开水，而是去后山捡了足够的柴火再回来烧开水。由于柴火准备得非常充足，没过多久，水就烧开了。

高僧突然向他发问："如果柴火不够，你应该怎么把水烧开？"

年轻人摇了摇头。高僧说："很简单，你把水倒掉一些不就好了吗？"年轻人恍然大悟。高僧接着说，"一开始你壮志凌云，树立了很多目标，就像这个装满了水的水壶一样，你准备的柴火不够就一直烧不开。怎么能把水烧开呢？想要把水烧开，要么就把水倒出去一些，要么就准备足够的柴火。"

年轻人醍醐灌顶，他明白了只有抛开那些不切实际的理想，从最近的目标开始，脚踏实地，才能一步步走向成功。

实际上，烧一壶开水并不是一件难如登天的事情，但是为什么还有那么多人做不好呢？有的人刚把水烧热就跑了；有的人没等这壶水烧开就去做别的事去了；还有的人一直关心别人的水烧得怎么样。这些人本来是很有可能成功的，可是并没有把水烧开，真是让人惋惜。

烧水的过程大概是最难熬的，因为我们不能三心二意，不能因为别人把水烧开了就心烦意乱，甚至最后觉得自己这壶水烧不烧都不重要……一个可以把这壶水烧开的人，一定经历了寂寞和失败，特别是当水烧到65℃以后，很多人耐不住寂寞放弃了，而那些卓有成就的人，只是坚持把水烧开了而已。

然而，在现代社会中，“身在曹营心在汉”的人不在少数，烧着自己的水，还要看看别人的水烧得怎么样了，真正坐得住、耐得住寂寞的人，少之又少。

一位果园的管理员在巡视果园时，不小心把妻子送给他的金表掉在树林里了。他很惆怅，这么大的果园，该怎么找？

于是他向果农求助，让大家帮忙寻找，并承诺找到必有酬谢。可是果园里到处都是落叶和杂草，在这里找一块表堪比大海捞针。

眼看着天黑了，大家纷纷失望地回家了。只有一个小男孩，还趴在地上找。夜越来越深，周围的环境越来越安静，小男孩趴在地上听到了一些微弱的“滴答滴答”的声音，他循着声音爬去，这个声音越来越清晰了，最后，小男孩终于把这块表找到了。

随着互联网的进步，我们处在一个信息爆炸的时代，每个人都变得十分浮躁。一个人想要成功，就必须在复杂的环境中开辟一条属于自己的道路，方便自己进步。于是他们费尽心机地想打通这条路，就像故事中的众人毫无章法的寻找金表一样。实际上，想要找到那块表很简单，就像小男孩一样专心致志、心无旁骛就好了。

小时候我们都学过《小猫钓鱼》这篇课文，老师总会问我们：“小猫为什么没有钓到鱼呢？”我们回答：“因为它三心二意。”

有时候，我们就像那只小猫，在钓鱼的时候不停地被周围的花草、蝴蝶吸引，甚至还会去和别人攀比，看看谁钓得快，谁钓得多。于是我们越来越浮躁，最终当别人收获成就的时候，我们只能羡慕。

你不需要鸡汤，需要的是成就感

当我们的精神觉得空虚的时候，是不是喝几碗鸡汤就能填饱？曾经的我，确实这样做过。那些如百花绽放般的励志书籍和比比皆是的精神导师，打着心理专家的旗号，号称没有医不好的心理创伤，于是得一美称“心灵创可贴”。

但是号称可以治愈一切心灵创伤的精神导师们，又时常自相矛盾，今天告诉你要平和、淡定、你若安好便是晴天，明天又教你要往前冲、不服输、爆发你的小宇宙。喝下这碗鸡汤的你，是不是比以前更迷茫了？

揭开心灵鸡汤的面具,其实你喝下的就是一碗碗慢性毒药。

别人的成功真的可以复制吗?

唐骏曾向广大打工者号召:“我的成功你们可以复制!”这句话点燃了无数打工者的热情。以这句话命名的唐骏自传一上市就被抢购一空。可是这么多年过去了，并没有一个人站出来说:“我成功了，我就是第二个唐骏。”

在我看来，很多心灵鸡汤都试图把问题简单化，忽略问题产生的各种复杂条件，觉得一件事情的发生必然是某种原因导致的，这样的想法是不合理的。著名心理专家胡慎之表示:“一个人能否把一件事情做成功，受很多因素的影响，比如周围环境、人际关系、处世原则、个人心态等。成功不是一蹴而就的，每个人迈向成功的方式也不尽相同。那些成天给自己灌输成功学和心灵鸡汤的人，最后成功的可能性是很小的。”

而那些成功人士，不一定会把自己的人生经验告诉别人。这并不是自私、看不起人，而是别人走过的路，不一定适合你。别人能高空走钢索获得成功，可是你恐高，站上去就晕倒了，如果你还坚持走这条路，很有可能会丧命。

以前在某些地方很流行打氨基酸，一个人如果觉得身体很疲惫了,就去医院打一瓶。实际上,氨基酸作为人体必需的物质,确实有增强免疫力、促进吸收的功效，但是只是针对那些营养不良的人，对正常人来说，它的作用微乎其微。

国外心理学家也做了一项实验。心理学家请了几位自信心不足的人，让他们读一些自我激励的句子，比如“我是最棒的，我一定能成功”“眼前的挫折是暂时的，光明的未来在等着我”，等等，然后再对他们的情绪进行测量。结果发现，他们朗读完这些句子后，变得更加怀疑自己了。

为什么会这样呢？心理专家解释说，那些激励人心的语句确实会让人热血沸腾，可只是让人们暂时忘记那些负面的情绪。一旦想做的事情没有成功，他们就会非常自责。此时人们的负面情绪会比当初更严重。

心里鸡汤放大了人们的情绪，这种放大正在一步步摧毁一个人的信念。当我们还不懂如何与自己相处时，一味地按照别人的行为方式来思考，这就像是穿了一双不合脚的鞋，最后痛苦的一定是自己。甚至你会觉得，试了同样的方法，为什么别人成功了你却没有成功？你会下意识暗示：“我不如别人。”这个想法是很可怕的。马云也曾表示，一个人只要参加过一次成功学的讲座，那这个人就完蛋了。这个观点虽然很绝对，但是我很赞同。

为什么明知道心灵鸡汤用处不大，还有那么多人喜欢喝？

心灵鸡汤已经流行了很久。以前，它们是《读者》《格言》《青年文摘》上一篇篇动人的故事；现在，它们是微博头条、公众号里推送的一篇篇伪营养的文章。有的文章读起来很有道理，实际上都经不起推敲。

举个很简单的例子，我们常在鸡汤文中看到一个老木匠的故事：一个技艺超群的老木匠在退休前被老板安排造一所房子。老木匠心想反正要退休了就随便造一造吧，没想到，这座房子是老板送给自己的。最后，他不得不住在一栋“豆腐渣”工程的房子里。

心理学家是这样分析这个故事的：一个木匠的价值体现在他高超的技艺和对工作的专注上，一个合格敬业的木匠不会在最后关头砸了自己的招牌。听起来好像挺有道理的，可是这个故事忽视了人是有自律性的，不是每个人都蠢到砸自己的招牌。

以偏概全，用一个小概率事件就推断大环境都是这样，这种神逻辑放到现在一定会被批评到体无完肤。然而，这是心灵鸡汤的通病。可是，就是这么前后自相矛盾的故事，却有一批忠实的信徒。

心灵鸡汤之所以会有市场，也和我们受过的教育有关。应试教育告诉我们正确答案只有一个，我们便习惯性认为，成功的路也只有一条。

心理学家认为现在大多数人内心深处都住着一个婴儿，他们希望找到一个可依赖的对象，可以指导自己的一言一行。那些迷恋心灵鸡汤的人，其实是把鸡汤想象成可以满足自己的“依靠”。

然而，这些“婴儿”通常活在那些童年生活环境并不理想的人心中。由于儿时的需求并未获得满足，他们潜意识里依然觉得自己是一个需要被照顾的对象，把身边一切都当做自己的

“依靠”，依赖性很强。也许他们并未意识到自己的问题，或是还没找到产生问题的真正原因，所以病急乱投医。等药效一过，情况会比以前更糟糕。

也许你会问，难道心理学就很靠谱吗？同样是治愈人的内心，为什么心理学就不是鸡汤呢？因为心理医生的职责是刺激当事人思考，鼓励大家面对自己内心的阴影，接受自己的不完美。心理学和心灵鸡汤是有本质区别的。

我们需要的是心灵鸡汤吗？不，我们需要的是成就感。

我们常常在电视剧里看到这样的桥段，男主角跌落悬崖，镜头一黑一排字幕“一年后”，男主重出江湖，成为天下第一高手。这和心灵鸡汤的套路十分相似，都让人有百分百的把握相信自己一定能成功，却忽略了为了成功要付出的代价。

莉莉入职一家公司后，进入了一个刚刚成立的部门。大家都处在相互熟悉的阶段，可是部门主管的位置还空着，公司有意在莉莉这批新入职的新人中选拔一位优秀的员工当部门主管。于是新同事间表面相处和睦，实则暗流涌动。

以莉莉的能力和经验，想获得这个职位并不难。可同为新同事的晓琳在一次会议上做了精彩的发言，受到了领导的青睐，莉莉感受到了危机。那两天莉莉的情绪非常差，翻出常看的几个公众号，看了很多心灵鸡汤文，企图通过这些心灵解药开导自己，但是并没有什么效果。莉莉心想，与其在这里被鸡汤洗脑，不如多学学技能，尽快赶超别人。

那几天莉莉沉下心来安心钻研每次员工培训的文件，不停向前辈请教。新的数据后台操作比较复杂，别的同事花一个星期学习了操作方法，莉莉向技术部请教，不到两天就掌握了。莉莉努力的成绩渐渐显现出来，老板看到了，也尝试把一些重要的工作交给她，莉莉都很完美地完成了。

三个月过后，莉莉终于如愿以偿地当上了部门主管。莉莉对我说："这是她今年做的最有成就感的一件事。"

可是还是有人需要心灵鸡汤的，毕竟人生已经这么艰难了，通过文字找到一丝丝安慰也无可厚非。在内心最煎熬的时候，读上一两篇这样的文字，慰藉一下心灵，心情也会好起来。但这种慰藉就像是迷幻药，安慰得了一时，安慰不了一世。

遇到挫折，不是只有喝鸡汤才能缓解，走出去尝试一些新鲜事物，一点点成就感就能让你重获新生。

你可以用以下几种方式替代喝鸡汤：找一个自己喜欢的地方，花点时间做个攻略，来一场说走就走的旅行；周末约上三五好友聚个餐，大家把这些天的苦水一吐为尽，享受心情的顺畅；你还可以到健身房挥汗如雨，加入操课，跟着音乐的节奏把烦恼都甩掉，第二天站上体重秤，看到日渐降低的体重，你也会收获成就感。

热腾腾的鸡汤固然暖胃，但是实打实的小成就才能暖心。

每天叫醒你的不是闹钟，而是梦想

我们经常看到这样一句话："每天叫醒你的不是闹钟，而是梦想。"我们每个人都怀揣着梦想前进，可是坚持到最后的却屈指可数。是什么原因让人们半途而废？是实力不够，还是丧失了继续下去的动力？其实都不是。最重要的原因是人们没有成就感。

那到底什么是成就感？所谓成就感就是当愿望实现时心里的那种满足，简单来说就是你一直想做的事情，最后做成了，心里的那种喜悦。

天意是我的朋友，油画专业毕业，并且很有天赋。她的画不管是色彩搭配、构图，还是想要表达的含义，都别具一格。

我每次欣赏她的作品，都能收获惊喜。

因为她热爱绘画，她的家人也全力支持她。所以，在她的人生规划中，创作和画展占了绝大部分。

因此，即使毕业了，她也不断进修，水平一年比一年精进。在我们眼里，她马上就要成功了。可是，有一天她对我说："我觉得我压力好大啊，我没有画画的热情了，我都怀疑我当时的决定是不是正确的。”

能够考进美术学院的学生不管是个人能力还是家庭经济实力都是不俗的，甚至有的在上学期间就联系好名师或者国外进修班去深造了。但是天意的家庭很普通，虽然父母全力支持，但是能提供的帮助也是有限的，她只能靠自己。身边的人都自带光环，在这种环境下，天意就更没什么存在感了，更别说成就了。

毕业这么多年,她的同学们有的凭借家里的帮助开了画展，有的人出国归来就是留洋著名画家。

天意只能自己推销自己，因此她非常失落。没背景、没成绩，即使作品再好，吃闭门羹也是常事。天意非常没有成就感，一度想放弃梦想回老家当个美术老师。

后来事情有了转机，由于天意的实力确实很强，在她一位大学老师的帮助下，她开了一次小型的画展。也因为这次画展，她遇到了一家公司的老板，现在是公司的美术总监。

后来，她对我说：“如果当初没有老师的帮助，我肯定就放弃了，就没有今天的满满成就感的我了。”

但是，并不是每个人都像天意那么幸运，在最低谷的时候，能遇到贵人出手相助。我们中的大多数都是因为缺乏成就感而让梦想搁浅。

有的人梦想是当导演，可是拍了很久的片子也没人赏识，于是心如死灰，放弃了；有的人想做一个大红大紫的公众号，可是面对惨不忍睹的数据，也放弃了；有的人想练出马甲线，可是面对那么大的运动强度，退缩了；有的人想考公务员，可是面对一次次的淘汰，自己对自己产生了怀疑，同样放弃了。

很多梦想不是被扼杀在摇篮里，而是被路上的挫折慢慢折磨殆尽，没有成就感的人生，真的很丧气。成就感真的这么重要吗？它到底能给我们带来什么呢？

站在起跑线上的我们，都是满怀雄心壮志的，但是在奔跑路上，我们难免会因为疲惫和体力不支产生放弃的想法，此时一点小小的成就感就能让我们原地满血复活。当我们看不到未来的方向，成就感就是一盏指路的明灯，点亮前方的路。我们仰望梦想高峰，却发现山顶遥不可及，成就感就是山坡上的大本营，让我们歇歇脚，补给能量继续攀登。

成就感是人生路上很重要的存在，因此别让成就感来得太晚了。

举个很简单的例子，为什么有的人可以嗑瓜子嗑半天不觉得累呢？因为他们很快就获得了回报，吃到了瓜子，这就是成就感。这种成就感一直存在，所以他们能一直嗑下去。

那我们要怎么做才能快速获得成就感？

“嗑瓜子哲学”告诉我们，可以设定一个短期目标，也可以把大梦想分解成一个个小目标。完成一个小目标就离大梦想更近了一步，这样你还会觉得梦想可望而不可即吗？

在东京马拉松邀请赛中，一位选手山田本一却获得了那次比赛的冠军。记者问他：“为什么你会获得第一名？”他非常骄傲地说了一句：“我不仅有体力，还有智慧。”

两年后，他代表日本参加意大利的马拉松邀请赛，这一次他又获得了冠军。这一次，记者问了他相同的问题，他回答了相同的答案：“我不仅有体力，还有智慧。”他的这个答案一直让人摸不着头脑，直到山田本一在后来的自传中揭开了谜底。他是这样说的：“每次比赛之前，我都会提前把路线熟悉一遍，并把沿途比较有代表性的地标记下来，比如第一个是超市，第二个是加油站，第三个是一栋有特色的房子……就这样一直记到比赛的终点。

当枪声一响，我就奋力向第一个地标点跑去，等到达第一个地标，我又接着向第二个地标进发。40 多公里的赛程，我就这样分成一个个小的目标，轻松完成了。我刚开始参加比赛的时候，还不懂这个道理，一直把注意力放在终点，所以我很快就耗尽了体力，坚持不下去了。”

因此，让自己的成就感来的快一点吧，不要等筋疲力尽了才发现自己需要成就感的加持。不要让自己半途而废，更不要让梦想刚起航就搁浅。

行动在前，成就在后

诗人约翰·弥尔顿有一句诗让我印象非常深刻：“只是站立等待的人也能有所得。”这句话值得人细细体味。

但是，现实生活中，真正有所成就的，是那些积极行动的人。

成就感不会自己找上门，只有行动起来，才会获得成功。我们要主动，才能抓住昙花一现的机遇。也许你有一万种方法告诉全世界你有多优秀，但是只有一种方法能真正让你变优秀，那就是行动。

想让别人认可你，就付出行动吧，在行动中获得真正的成就感。

假设你的目标是参加明年的马拉松大赛。如果你没有任何准备，想着在比赛前练习几天就去跑完全程，那肯定是不现实的。

那到底该如何准备呢？我们可以先从短跑开始，这个星期先跑 5 千米，下个星期 10 千米，几周后，你就可以跑得更远了。

我们也可以通过同样的方式来实现自己的目标，找到成就感。谁都想看到自己的努力马上有收获，聪明的人会把大目标细分成一个个小目标，这会让成就感来得更快一点。

比如，你的目标是转行，那你就要学习一些相应的技能，也许是参加某个课程，也许是向身边专业的朋友请教；如果你的目标是开一家小店，那么你从现在开始就要学习一些管理的知识了；如果你的目标是在乡下买一栋房子过安静的生活，那你就要开始存钱了。除此之外，你还应该想想搬到乡下后该如何维持生计。

话说回来，不管目标是什么，你都应该先列一个目标清单，把脑海里的每一个想法都记录下来，然后从中选择一个现在就能做的，马上付诸行动。

如果你真的开始行动了，那么恭喜你，你离成就感又近了一步。如果你现在还没开始，也不要懊恼，因为你可能还没做好准备，你希望厚积薄发，让奋斗之路更顺畅一点。

实际上，给自己设定一个目标和列清单只是一个良好的开端，光做到这些是远远不够的，成就感是行为的结果，而不是愿望。很多人愿望是好的，比如“我一定要减肥成功”“我明年一定要升职加薪”“我一定要考上公务员”“我希望明年能买房子和女朋友结婚”……这些愿望都是好的，但是只有把愿望变成行动才是重点，否则永远都是纸上谈兵。大部分人都在空等成就感到来，殊不知成就感是行动之后的结果。

我们在付诸行动的过程中难免会出现恐惧心理，这时我们该怎么办呢？没关系，大胆前进吧，越行动越勇敢。哪怕只是一点点进步，都足以把恐惧情绪扼杀在摇篮里。有一点我们要谨记：刚开始，我们或许会心虚、不自信，但是这一步一定要跨出去，才能有所改变。

如果你想减肥，但是健身卡下周才生效，那么这周总要做些热身运动，对抗巨大的运动量造成的身体吃不消的情况；如果你打算下半年跳槽，那你现在就应该把简历拿出来，看看有什么要修改的，顺便审视一下自己还有什么技能需要学习。

确定目标、立刻行动才是王道。你开始地越早，成就感来得就越快。当你真的开始做了，你会发现焦虑情绪并没有刚开始那么多了。甚至到后来，你会开始享受这个过程，为自己又多坚持了 5 分钟而“沾沾自喜”。

是的，哪怕只是坚持了 5 分钟也要鼓励自己。笑容是免费的，所以给自己一个明朗的笑容吧。就算在公共场合，即使表面风平浪静，在心里也要大声欢呼，给自己一个大大的赞，因为你的第一个成就已经达成了。

当我完成一件工作时，我会在我的工作清单上打上一个大大的勾，并在旁边盖一个可爱的印章。听起来特别幼稚是吗？可这是我自己工作的仪式，这让我很有成就感。

我们行动除了要迅速，还要注意有条理、有计划。因为当你开始把愿望转变为现实时，你会更细致地思考自己应该怎么做，也就是说，你会为了取得成就准备得更充分。

去年，我去医院做体检，医生对我说：“你该减肥了，年纪轻轻的，就有 6 颗胆结石，还有脂肪肝的迹象。再不减肥，到时候生孩子都会有问题。”在医生的“威胁”下，我给自己制订了一个减肥计划。

我规定自己每天去公园快步走一个小时，然后做三组深蹲，做三天休息一天。为了让运动更愉快，我在手机里专门建了一个运动歌单。为了让自己能坚持，以5斤一个标准，每瘦5斤就给自己一个小奖励，可以是一支口红，也可以是一件衣服。一个月下来，我成功瘦了10斤，非常有成就感。

多花一点时间在执行细节的追踪上，最后的结果会大不相同。曾经有专家做过这样一项研究。他们把学生分为两组，让学生写一篇论文，规定当周的周五交，可是时间到了，A组只有不到三分之一的学生按时交了论文，但是B组九成以上的学生都按时交了论文，这是为什么呢？

原来，专家让B组的学生制订一个具体的计划，这个计划，包括什么时候查资料，什么时候整理资料，什么时候出草稿，什么时候完成。在这样细致的计划下，同学们大多都按时完成了论文。

其实道理很简单，如果你想尽快达成目标，获得成就，你不仅要思考目标的内容，还要思考如何达成目标，也就是定计划。我们可以通过一个简单的表格来让自己的计划更清晰：

表1-1 行动计划

目标	实现方法	行动人	发生地点	完成时间
行动1				
行动2				
行动3				

举个简单的例子，陈伟刚刚向女朋友阿岚求婚成功，他决定今年把创业借的钱还清，明年买房和阿岚办婚礼。于是他给自己制订了这样一个计划：

表1-2 陈伟的计划

目标	实现方法	行动人	发生地点	完成时间
研究如何还钱	和朋友商量具体的还钱时间以及能不能把利息降低一点	陈伟	家里的书房	周末休息时
做调查研究	向朋友请教计划如何实施	刘强，因为刘强考虑问题很理智	在家	周五晚上，请刘强到家里来吃饭，饭桌上讨论
做调查研究	上网查资料，看看能不能更好地运用信用卡	小珍，小珍是银行职员，对各项政策很熟悉	餐厅	周日，请小珍吃饭

减少开支	做一个预算，精确地计算出我每周的开销	陈伟	在家	周末

其实做计划很简单，我们只用按照下面几个步骤来就可以了。

步骤1：把你的目标分解成若干个小目标，填写在“行动”栏中。

步骤2：把每一个行动细化，比如在“行动”栏中写到“运动”。第二栏你可以再写具体一点，比如要做哪些运动，每组运动多少个，等等。

步骤3：看看有没有人能够协助你完成计划。比如“运动”这一项，你办了一张健身卡，可以向健身教练请教如何更科学地锻炼。

步骤4：想一想你要在哪些地方展开你的行动。是在公园跑步锻炼，还是去健身房和大家一起跳操练舞？

步骤5：给自己设定一个完成期限。可以是一周，也可以是一个月。但是每个小目标期限不宜太长，几天即可，不超过一周。

现在，你的计划就制定完了。接下来要做的就是把它放在显眼的地方，时刻提醒自己要去执行，只有执行起来，做到了既定目标，才会收获成就感。

别让心态毁了你的成就

当我们面对失败时，不要总是用沮丧的心情来面对。这个世界上没有绝对的失败，当我们把失败当成浮云、一笑而过的时候，我们就会发现，原来柳暗花明又一村。

谁不希望自己的人生是一条平坦又明亮的康庄大道呢？但这只是美好的想法罢了。有的人经历了失败，站起来向前看了看就放弃了；而有的人却越挫越勇，即使前途荆棘满地，也不曾放弃，最终取得了傲人的成绩。后一种就是我们所说的"成功人士"，回头看看他们的人生轨迹，我们会发现，失败几乎是家常便饭。

有一家科技公司的负责人在和客户做生意的时候，主动承担了 3000 元的损失，当时所有的员工都觉得他没必要这么做，可就是这样一个"没必要"的举动，为他带来了 30 万元的新业务。

起初，甲客户向这家公司订购了一批办公室净水机，交易金额为 5 万元。各项手续都办好后，负责人将净水机运送到甲客户的公司。

但是没想到甲客户在收到净水机后表示有部分设备出了故

障，无法使用，要求科技公司无条件退货。

负责人遂派人去甲公司调查情况，原来，这部分净水机是甲公司在安装失误出现了故障，要修好需要3000元，甲公司不想承担责任才要求退货。

在员工看来，这就是甲方抬杠，本来自己一点责任都没有，最后却被人泼一身脏水，谁遇到这种事情，都会理论一番。

可是负责人并没有生气，而是冷静地思考了一番，他觉得这件事情还有转机，因此决定承担所有的维修费用，马上派维修人员进场，直到甲公司满意为止。

后来，甲公司的合作伙伴也需要一批办公室净水机。甲公司第一时间就推荐了这家科技公司，那位合作伙伴一次性定了30万的净水机。

我们试想一下，如果这位负责人得知甲公司推卸责任后大发雷霆，马上找甲公司理论，一点亏都不吃，那么会有后来30万“大红包”吗？负责人面对失败的心态非常淡定，他的目光非常长远，所以他得到了更大的回报。

俗话说：“吃亏得教训，人才变聪明。”因此，当我们面对突如其来的失败时，不妨抱着“吃亏得教训”的心态来面对。其实，遭遇失败并不可怕，从失败当中我们能学到很多人生经验，这些都是在普通的生活中经历不到的。

比如上司布置的工作任务太繁重，我们拼尽全力也没有做完，最后被上司说没有创造价值，因而被辞退，那明天的房租和生活怎么办呢？但是，我们只要换一个思路，调整好心态，眼前的景象就不一样了：上司之所以给我安排那么重的任务，是因为我能力强，他炒了我鱿鱼是他没眼光。以我的能力，下一份工作一定更好。失败不是一件坏事，当我们面对失败时，要谨记“塞翁失马，焉知非福”的道理，然后想想有什么办法可以化丧气为福气。

除了要乐观地面对失败，对年轻人来说，还需要学会正确排解工作中的负面情绪。

阿强刚刚毕业时有些心高气傲，觉得自己重点大学毕业，是优秀毕业生，是学生会干部，进500强应该没有问题。然而，因为他没有工作经验，大公司不要他，可他又不想“屈尊”去小公司历练，看着身边的同学朋友都找到了工作，阿强的处境变得很尴尬。

朋友们纷纷劝阿强放低身段，先到小公司提升自己的能力，等积累了一定的经验后，再去大公司。

阿强反省了自己，意识到自己眼高手低的错误。深思熟虑后，阿强到广州一家公司做软件测试员。

刚入职的时候，公司正在赶项目，大家都忙得热火朝天，主管去上海和客户落实项目细节，根本没人管他，一连好几天，阿强都像是个隐形人。

有一次午休时，项目组长碰到了阿强，问他这几天感觉如何？阿强有些沮丧，向组长抱怨没人给他安排任务，他觉得很无用。

组长对他说，因为大家都在为这个项目赶进度，恨不得一个人拆成两个人用，让他再熟悉一段时间。刚踏入社会，很多年轻人的心态并没有调整过来，还没有意识到公司和学校是有本质的区别的，同事不会处处护着你。你要告别被动学习，主动融入到群体中。

和组长聊完以后，阿强豁然开朗。每次项目组开会时，他都把大家的发言都记录下来，主动向前辈请教。还在业余时间把大学学的知识又巩固了一遍。阿强的改变大家有目共睹，他渐渐获得了同事的认可。

我们在工作中，难免会有一些情绪，抱怨上司安排的工作太多，抱怨同事难相处。可是抱怨完了呢？眼前的情况并没有改善，那些委屈只能让你自己越来越消沉。我们要学会及时调整自己的情绪，不要让坏情绪搞砸了你的好工作。

刚到上海时我认识了林东，他在业内一家小有名气的公司里做着和我一样的工作。有一天我问他，你怎么不试着往前走走呢？

林东很无奈，他说：“虽然我们公司发展地不错，但是我能力有限，就我这个位置还是家里有关系保住的。我也想升职啊，但是每次只能看着别人升职。”

林东一边抱怨，又一边后悔。大部分情况，我们的痛苦是来自于对自己无能的悔恨。当初求安稳，于是一步步陷入安稳的漩涡，最后拖累了自己。

什么才是真正的稳定？不是拿着死工资过着“明日复明日，明日何其多”的生活，而是要不断修炼新技能，为自己创造更多收入。

我认识一位圈内前辈。公众号刚刚兴起时，受到好奇心驱使，他也开通了一个公众号，在业余时间写写文章发给大家看。

刚开始关注公众号的人只有身边的朋友，阅读量勉勉强强达到三位数。他从没想过要通过这个公众号获得什么利益，所以他只享受写作的快乐，数据什么的都是浮云。

每天下班后，当别人都在玩游戏、聚会时，他还要去上写作课。他规定自己每天都要推送一篇文章，每个月至少读5本书。虽然很忙碌，但是很充实。

有一天，他像往常一样登录公众号后台，却发现自己推送的一篇文章阅读量竟然达到了10万多，一下涨了好几万粉丝，广告商、出版社纷纷上门求合作。

体会到了成功的喜悦，他对自媒体行业重新进行审视，决定就以自己独特的视角对社会现象进行评论，后来，陆续推送了一些反响不错的文章。

有一天，和这位前辈一起吃饭，前辈说了一些话让我受益匪浅，他说：“公司为你提供施展的平台，只是暂时的，不是的最终归属。当你的能力达到一定阶段后，你要学会把自己打造成一个品牌。”

通过努力，前辈把自己打造成了一个有口皆碑的品牌。相对于公司来说，别人更看中他本身的价值。如果你明白了这一点，你会比别人努力地更有方向，获得更多的成就感。

如何看待一份工作也从侧面反映出你如何看待你的人生。如果敷衍了事，你这一生也不会有多大的成就。

成功人士就是成功人士，有一种普通人难以达到的精神，我们只要从中学习一点点精华，就能对我们的工作和生活产生巨大的影响。当我们有了这些精华的滋润，再度面临挫折时，就不会一味地唉声叹气了。挫折虽然让人难受，但是只要我们及时调整好心态，就能扭转乾坤，为自己打造一个光辉灿烂的人生。

第2章

每年，我都有365天想辞职

事业就像挖井，不要东挖挖，西挖挖，结果哪都不出水！

宁愿十年挖一口井，也不要一年挖十个坑，唯有持之以恒，才会成功！

心在哪里，收获就在哪里！如果不努力，你的未来永远都只是个梦。

成就感＝能力／理想

你一定有过这样的感觉吧，工作越来越多，要做的事情越来越杂乱，人越来越累，但是成就感却越来越少。

《圆桌派》有一期节目让我印象很深，这期节目的主题是"成就感"。

梁文道说，有很多人问他为什么能取得今天这样的成就，他的秘诀是什么。但是他自己并不觉得自己成功，甚至没有一点成就感，如果非要说一点的话，那就是自己运气比较好。他说自己的成功不是靠努力，不是靠天分，而是靠自己的运气。

接着，许子东给了观众一个公式：成就感＝能力／理想。分子是能力，分母是理想。比如你的理想是 50 分，能力也是 50 分，那你的成就感就是 1，成就感很高。当你的理想达到 100 时，你的能力还是 50，那你的成就感就只有 0.5 了，这时你会感到挫败。

窦文涛接着问嘉宾："我们今天的话题是成就感，你们自己有过成就感吗？"

马家辉的话让我印象深刻，他说："我今天坐车来现场挺顺利的，这让我挺有成就感的。我这样说不是故意搞笑，而是我知道成就和成就感是不一样的概念。成就感的基础是满足感，当你内心感到满足了，你自然会有成就感。文涛说他觉得自己做的节目很失败，没有成就感。但是对于我来说，我一个连话都讲不清楚的人，要做到这个水平，我想都不敢想。但是没用，我很满足，但是你不满足，因为那是你在做的事情，你之所以没有成就感，是因为没有满足感。"

我很同意这个观点，没有成就感，是因为我们的内心没有得到满足。

其实，人的异化也是导致成就感很低的原因之一。

现在很多年轻人对工作不满意，很多社会调查显示，一半以上的人谈到对工作不满意的理由都会说：没有成就感。也有人对自己的评价很低，以至于走上人生的绝路，原因也是觉得自己这一生没有任何成就感。

卓别林的《摩登时代》有这样一个情节，他去当流水线上的工人，他都不知道自己生产的是什么，就知道拧螺丝，一天八小时唯一的工作就是拧螺丝，最后拧到了别人的胸口上。

这就是我们说的异化，简单来说就是，当你被工作变成一个环节或者一个工具的时候，你的成就感就被削弱了，甚至没有成就感。

这个时候该怎么办呢？很简单，调节自己的能力，就是在理想这个“分母”有限的情况下，提高“分子”能力的份额。这个能力包括自己的努力、运气、天赋，等等。我们并没有改变理想，我们只是在实现理想的道路上不断提升自己的能力，因此，我们的成就感会越来越多。

但是，当一个人经历了大风大浪、人生起伏后，他已经知道自己的能力有多大了，不会再有什么提升的空间了。这个时候想要让自己依然获得成就感，只能缩小理想。比如你的理想原本是周游世界，可是现在体力跟不上了，缩小成周游全国也不错。根据许子东的成就感公式告诉我们，在能力不变的情况下，理想越小，成就感就越大。

年轻的时候调节能力，年老之后调节理想，让成就感公式一直保持在平衡的状态，你就不会太失落。

说到这里，我想起我的朋友徐莉。她在准备在职研究生考试的时候心急如焚，每次和她见面，都能明显感到她又苍老了许多。有一次我问她为什么，她说：“我现在特别焦虑，我害怕我考不好，我明明已经复习了这么久，但是一点成就感都没有，万一我落榜了岂不是很丢人。”

我把许子东的成就感公式给了她，我对她说：“你可以考虑把自己的目标稍微缩小一点。你想考到省外去，可是对自己的能力不放心，为什么不选个省内的大学呢？我们省内大学的这个专业也很有名。在你能力已经满格的情况下，适当缩小自己的理想，成就感不久变大了吗？”徐莉听了我的建议，换了一个目标，成绩出来的时候，她果然考上了。

生理上的满足感和快感与成就感不一样，满足感和快感靠你自己就能完成，但是成就感却需要一个客观的标准作支撑。比如徐莉的成就感来自于她考上了研究生，“考上”就是成就感的来源。

每年，我都有365天想辞职

在职场中，有的人压力山大，有的人焦头烂额，有的人随波逐流，有的人四处碰壁，就是很少有人有成就感。

前不久的一份调查报告显示，现如今年轻人在一家公司待的时间越来越短，这一问题引起广泛关注。我在身边的朋友中，也常常听到这样的吐槽：“每年，我都有365天想辞职。”

朋友小真给我打电话吐槽老板：“真是无语了，自己什么事情都不管，当甩手掌柜。我们做完事情他也不看，最后出了问题又来找我们，真是个奇葩，真不想干了。”

小真已经换了好几家公司了，她跟我说，这是她待的时间最长的一家公司。我感到汗颜，因为这家公司她才入职 5 个月。为什么我们的银行卡余额“常含泪水”？因为我们对跳槽爱得深沉。

如果可以做一份自己喜欢的工作，在工作中找到乐趣，那肯定是一件非常有成就感的事情。那么，我们应该如何找到工作乐趣呢？其实很简单，以下六条一定能帮助你。

一、与其拉关系，不如练内功

在职场中，总会有些人喜欢攀关系、走捷径，希望通过这种办法尽快获得自己想要的一切。可是，那些真正成功的人，都是靠自己脚踏实地走出来的，他们的宝贵经验，是走捷径的人无法得到的。静心修炼内功，一步一个脚印才是上上策。

俗话说：“靠山山倒，靠人人跑，靠自己最好。”自己的命运还是要掌握在自己手里，就算你半路摔倒，朋友和家人也只能把你扶起来，陪你走一段，但不会陪你走一辈子。

与其拉关系，不如练好自己的内功；与其走捷径，不如让自己成为真正有能力的人，这样才有底气迎接即将到来的成就。

二、跳槽之前，先找自己的问题

有一部分人，通过跳槽来达到自己升职加薪的目的，但是到最后才发现，就算换了个环境，该面对的问题还是不能逃避。

这些人跳槽的理由也是五花八门，工资太低、前景太差、老板太烦、同事太事儿……他们会把跳槽的根源都归结到别人身上，忽视自己的问题。所以，就算他们跳槽成功，当在新公司遇到相同的问题时，依然会选择跳槽。

所以在跳槽前，我建议大家先在自己身上找找问题。如果是自己的问题，就要先调整自己的心态，提高自己的工作能力。如果是平台不合适，那你应该先给自己做个简单的职业规划，明确自己的定位，找到换工作的最好时机。除此之外，你也需要弄清自己目前对工作的不满情绪是否客观。

三、实践出真知

如果你问一个从没吃过西红柿的人“西红柿好吃吗”，他是没办法给你答案的，因为他没有尝试，他既不能说喜欢，也不能说不喜欢。

对于那些没有职业规划，又不主动了解情况的人来说，也是这样。有的人希望自己能马上找到一份钱多、活儿少、离家近的工作，但是我们忽略了只有让自己去尝试、去体会才能得到最真实的答案。

有部分朋友从未实践过，仅凭自己的想象就断定工作的好与不好，这是非常不可取的。光靠等待，机会是不会找上门的。与其纠结这份工作到底适不适合自己，不如先行动起来，调整好自己的心态多去尝试，实践才能出真知。

四、认清自己，做好规划

一辆车，即使性能再好，如果不定期保养，补充能量，也会老化。对我们来说，“能量”就是职业目标，前行的动力。

有的人喜欢根据自己的兴趣选择从事的行业，但是却忽略了职业本身的意义——你为什么想从事这个行业？你想为这个行业创造什么价值？如果你长期无法实现你定下的目标，自己就会产生抵触情绪。

那么现在问题来了，找工作时，是选择自己喜欢的，还是选择前景好的呢？要解决这个问题，我们要先给自己做个事业规划，弄清楚自己真正想要的是什么。是高薪，还是想实现自己的价值？只有明白了自己想要什么，才能搞清楚自己这辆“车”到底是因为本身发动机有问题，还是能量不够。

如果是因为在这个岗位待的时间太久了，渐渐丧失了工作热情，不要只想着辞职，而应想办法给自己加满油。

五、不要放大负面情绪

网络上有一句流传很广的话：“如果你不能接受我糟糕的一面，也不配拥有我最好的一面。”我们对待工作也是这样。世界上没有完美的工作，在工作的过程中，肯定会有让你满意和不满意的地方。我相信没有人会给自己的工作打 100 分。

通过调查显示，现阶段对工作不满意的人的数量，比满意的数量高出许多，这个满意度和工作本身并没有多大关系。一位年入百万的高管可能对工作不满意，但是一位普通的职员也许对自己的工作很满意。

所以，当你对工作产生负面情绪时，不要无限放大情绪，而要找到问题的根源是什么。是同事很难相处，是上司管理太差劲，还是觉得这个行业没有前途？等等。

六、成就是靠自己争取来的

当我们看到别人的成功时，会情不自禁的感叹："运气真好啊！"然而，运气是一件低概率事件，你只看到别人好运的一面，却没看到在好运的背后别人碰过多少壁。与其等待运气，不如自己去创造运气。

成就是靠自己争取来的。要做到这一点，最重要的是要把自己的本职工作做好，在这个基础上，每天多进步一些，为自己争取机会。同时，当领导交给你新的任务时，要提前做好准备工作，比如完成工作的过程中会不会出现突发状况？出现什么突发状况？该如何应对？最后，把自己的状态调整到最好，这时成就离就你不远了。

古人云："福兮祸所依，祸兮福所伏。"一个人获得好运的同时，也会遭遇不幸和失败。但人生总是起起伏伏的，不用太在意眼前的插曲和别人的看法。想得太多，最后吃苦的还是自己，不要因为一次挫折就停下脚步，坚持和热情一定会让你有所成就。

工作是我们成长路上不可缺少的一部分，在工作中遇到的挫折、交到的朋友、收获的快乐，都将成为日后回忆的下酒菜。脚踏实地才能走上人生巅峰，成就更好的自己。

坚定目标，每天进步一点点

我们为什么要给自己设定目标？因为有了目标才有奋斗的方向，才能让人生过得更有意义。

目标就像是立在自己前方的射击靶的红心。当我们正中红心实现目标时，我们会非常有成就感。对大多数人来说，实现目标的过程就像是一场比赛，随着时间的推移，收获越来越多，思维和工作方式也会随之发生变化。

曾经有这样一个实验，研究人员在鱼缸中放了一块玻璃，把一条凶猛的鱼和另外一条小鱼隔开。起初，这条凶猛的鱼一直想围捕小鱼想把它吃掉，可是由于多次撞击到玻璃失败后，凶猛的鱼放弃了。接着，研究人员拿走了挡在中间的玻璃板，两条鱼老实待在各自的活动范围相安无事，凶猛的鱼也不会攻击小鱼了。

人也是惯性动物，目标受限也会阻碍我们的发展。因此，当我们年轻时，应该不断尝试新鲜事物，发现自己的可能性，找出自己真正喜欢的事情。只有这样，我们才能拥有一个快乐且充实的人生。

赵亮是一位业务员，业绩也做得不错，但是他一直都想再进一步，成为高级业务经理。但是在竞争的过程中，他屡屡失败，甚至到最后否认自己曾经取得的成绩，觉得自己不适合这个行业。于是他开始得过且过，之前斗志满满的赵亮突然变得非常“佛系”，客户都送上门了，他也不争取，合同爱签不签；公司的奖励制度也不看，反正升职无望，每个月的考核达标就行了。直到有一天，一位很看重赵亮的上司对他说了这样一句话：“如果你想实现自己的目标，就让这个目标更明确一点，总会有实现的一天。”赵亮受到了启发，开始做出改变。

他把公司的奖励制度认认真真地研究了一遍，当月他给自己设定了一个业绩目标，然后逐月增加，下个月增长3%，再下个月增长5%，到年底，他的业绩竟然比上半年翻了一倍。这些成绩激发了赵亮的斗志，从此不管什么情况，不管业务大小，他都给自己定下一个目标，并且规定完成时限。

赵亮说：“我感觉目标越明确，就越有斗志完成它。我的目标包括这个月要拿多少奖金、下个月的奖金要比这个多拿多少、要提升哪方面的能力，等等。”接着，他把所有的准备都做得非常充分，终于在第二年成功升职为高级业务经理。

在公司周年庆上，赵亮作为优秀员工发表感言时说：“以前，我也想过要提升业绩、升职加薪，但是经过几次失败后，我放弃了。后来发现失败的原因不是我不努力，而是我的目标不够明确，像无头苍蝇一样乱撞。自从我设定了目标，给自己规定明确的完成时间后，我发现我浑身充满了斗志。总之，给自己树立正确的目标是非常有必要的，基于目标之上的动力和热情会让我们的人生变得更有成就感。”

因此，在我们的人生路上，也需要给自己树立一个明确的目标。要做到这一点其实很简单，先正确认识自己。人不是独立的个体，要从宏观的世界来看自己所处的位置，并为自己设立一个更高的目标。我们都有目标，达到目标是我们成大事的第一步，而走好第一步需要把目标具体化，这就是我们通常所说的从小处着眼。

我们在思考人生时，追根溯源就是在思考我们想成为怎么样的人，这些思考进而构成了我们整个人生。如果我们不能正确认识自己和目标之间的差距，那么目标还是目标，永远无法达成。我们只有明确地知道自己想要什么，才有可能成功。

说到这里，我想起了张涵予的成名故事。在成名之前，张涵予只是个配音演员，偶尔在一些影视作品里跑跑龙套。虽然角色不重要，但是张涵予并没有因此而不重视，而是认真对待每一次机会。可是跑龙套的时间长了，他变得有些浮躁，不甘心一直跑龙套的他也想演一些大制作的重要角色。这时一位老前辈对张涵予说：“一个人想要实现自己梦想，就要比别人付出更多的努力，要在别人的基础上多努力 10%，等累积到 100% 时，梦想自然会实现。”

听了这位前辈的话，张涵予明白了其中的道理。后来，不管是什么角色，他都严格要求自己，别人演80分，他就要演90分，别人演100分，他就要演110分。

2008年，他凭借自己的努力，拿到了《集结号》的男一号“谷子地”的角色，并且凭借这一角色横扫当年电影节，成为“五料影帝”。

张涵予的成功告诉我们：每次比别人多付出10%，成功就会离你进一步。

有了坚定的目标，即使没有让你好乘凉的大树也不要心慌，没有助攻支援也不要气馁，遇到小小的失败也不要丧气。只要我们每天都有进步，每天比别人多进步一点点，时间长了，这些“跬步”会让你抵达千里之外。

我们都听过这样的公式：0.99的365次方大约等于0.3，但是1.01的365次方却约等于37.8。我想把这个公式送给每一位读者。别人一天学8小时，你每天学9小时，一年下来你就比别人多学了365个小时，这个进步就非常可观了。

马上行动吧，虽然我们的目标不一样，但是奋斗才能实现梦想是亘古不变的真理。

梦想就在前方，路就在你脚下，坚定目标，每天进步一点点，没有什么不可能。

掌控自己，就能掌控自己的人生

不管是在生活中，还是在工作中，做好自我管理，都是一件特别重要的事情。我刚进入职场，参加新员工培训时，培训师的一句话让我印象非常深刻："刚踏入社会、进入职场的新人，一定要做到四点——认清自己、规划自己、管理好时间、管理好情绪。"

简单来说，就是要做好自我管理。经过这么多年的职场奋斗，我发现，做好自我管理不仅适用于职业生涯，对生活也能有所启发。那么，自我管理就是自律吗？管好自己就行了吗？当然不是。

有一天，朋友晓晨给我打电话诉苦。她在准备公务员考试，几乎每天都在为了这个目标奋斗。她甚至还辞了职，专心在家备考。平时都是她丈夫起得比她早，现在她不到六点半就起床了。丈夫不喜欢开灯睡觉，她就去客厅读书。八点左右，她就下楼吃早餐，再接着回家背书。她连做晚饭点的时间都不放过，在橱柜上贴着便利贴背重点。

晓晨的生活除了考公务员以外好像就没有其他事儿了。她妆也不画了，街也不逛了，我叫她到我家来吃饭，她也不来了。整天就待在家复习备考，可以说是一个非常自律的人了。

突然有一天，她对我说：“我好害怕考不上。”

我安慰她:“怕什么，付出一定会有回报的，你别太紧张了。”

晓晨继续说：“可能我做得还不够好吧！你看看人家哈佛大学的高材生，还熬夜看书呢。我再不努点儿力，还有希望吗？”听到她这番话，我十分无奈，只好提醒她要注意身体，不要因小失大。

后来，晓晨因为熬夜过度，昏倒在家里，她的丈夫不得不强制性要求她放弃这次考试，先把身体调理好。

听到这个消息，我为晓晨感到难过。她原本有机会通过考试，让自己拥有成就感的，可是她付出了这么大的代价，却依旧和成就感失之交臂。

小妹菲菲看了一篇关于自律的文章后，深受鼓舞，发誓一定要脱胎换骨，改变自己。于是，她规定自己每天早上七点起床去公园跑步，一个星期读一本书，每个月要减掉十斤体重。看着自己的计划，菲菲热血沸腾，以为光辉灿烂的人生唾手可得。

第二天，她睁开眼睛的时候已经九点了，闹钟响了好几遍都没听到。

第二天晚上，她把闹钟的声音调到最大，又多设置了三个闹钟，第三天清早，在一遍又一遍的“夺命呼叫”中，菲菲睁开迷蒙的双眼，关掉闹钟，又接着睡去。

第四天，她终于起床了，可是整个人犹如一滩烂泥，歪倒在沙发上，一点活力都没有，计划再一次泡汤了。

菲菲感觉越来越烦躁，完全没有了最初的愉悦，甚至感觉到绝望。最后她彻底放弃了。

其实菲菲习惯每天睡到十点才起床，对锻炼一点兴趣都没有，看书更是无稽之谈，能少玩一会儿手机都是进步了。这样的她，怎么可能一下子做到如此严格的计划呢？更何况，自我管理从来都不是一蹴而就的事情。

我们意志力的养成不是一步到位的，逼着自己做一个自律的人，反而会让抵触情绪来得更快。因为突如其来的改变会打乱我们原本的生活节奏，不仅让我们疲惫不堪，而且越来越不自律。

最近，大家特别崇尚做一个自律的人，但看到别人失败，就会说：“肯定是因为他没做好自我管理。”

真正的自律，是在身体健康的基础上慢慢地养成的某种好习惯。任何事情都要有度，自律也是一样，揠苗助长只会适得其反。毕竟，人生最重要的，不是压榨自己，而是挑战完善自己。

我们怎样才能做到合理的自律呢？

第一，认清自己。人们常说我们最大的敌人不是别人，正是我们自己。

曾经有这样一个采访，记者问路人你了解自己吗？大部分人给出的答案都是肯定的，我相信你也一样。我们总是理所应当地觉得自己是了解自己的，实际上，我们根本没有认清自己。

真正的认清自己，是能对自己的性格、特长、爱好、缺点、人生目标、价值观、个人能力、心理素质、未来规划，等等，做出准确合理的评估，并以此来提醒自己要做什么，当自己偏离轨道时及时把自己拉回来。

第二，做好自我规划。在工作中，不管是职场高管，还是普通的员工，都应该做好自我规划。

当今社会越来越多的人意识到了自我规划的重要性，因为这样不仅能让自己的学习和实践能力得到提升，还能让自己的优势更突出。在实现自己的目标时，可以准确清晰地分析目前的环境，让工作和生活得到平衡。做好自我规划，才能让成就感来得更快一点。

第三，重视时间管理。知乎上曾经有个问题："如何才能做好时间规划？"有一个高票答案是这样说的："做事有条理，强迫自己关注那些重要的事情，但是不要盲目地开始行动。"

我们从小就被教育："时间就是生命，浪费时间就是浪费生命。"科学的时间管理确实能让我们体会到时间的宝贵。

我们无时无刻不在跟时间打交道，那怎样才能做好时间管理呢？其实生活中的一些小习惯就能帮助我们做到，比如把每天要做的事情写在一张清单上，优先处理最紧急不重要的事情。合理安排好时间，也会让我们在生活中颇有成就感。

第四，做好情绪管理。在生活中，我们多多少少都会产生负面情绪，做好情绪管理，不让负面情绪影响到周围的人，就显得很有必要。善于管理情绪的人，情商会比其他人高。

那么怎样控制情绪，让自己成为高情商的人呢？

我常常会通过运动来排解负面情绪，想象自己汗流得越多，情绪就跑得越快，这样想着，心情就会愉快许多。

如果你不喜欢运动，也可以找亲密的朋友，诉说自己的烦闷，倾诉也是一种宣泄情绪最好的方法。负面情绪不能积累，越积越多，自己压力也会越来越大。

最后，你还可以尝试给自己换个环境，新鲜的环境会让人转变心态，心态好了，坏情绪自然一扫而光。

学会控制自己的情绪，会让自己的内心变得越来越强大，也会让自己的成就感爆棚。

不懂得休息的人，也不懂得如何工作

不懂得休息的人，也不懂得如何工作，这一条道理获得了很多人的赞同。

举个很简单的例子，一朵花的生长要经过播种、发芽、成长、成熟、开花、枯萎等不同阶段，在这朵花刚刚长出一片叶子的时候，你不能要求它马上开出花。在花朵生长的各个阶段，自然会表现出花该有的特征。

人类也是一样，在我们的成长过程中会经历出生、成长、发育、成熟、衰老、死亡的不同阶段。但是人和植物不一样的是，植物是没有思维的，但是人类有，正是由于这一点，导致人类的思想意识不同。

我们会在自己思想意识的指导下生活和工作。工作是每个人生命中不可或缺的一部分，但是如果不顾及自己生命的发展特征，一味地以工作为指向，沉迷工作无法自拔，甚至把工作当成唯一追求，那就是对自己不负责任了。

程宇是一家大型科技公司的技术骨干，为了尽快做出成绩，他每天把自己的工作安排得非常满。在公司，大家每天工作 8 小时，程宇每天工作 12 个小时都不止。程宇觉得这样抓紧时间，可以尽快完成任务。

刚开始，老板布置下来的任务程宇确实是保质保量地完成了，有的任务甚至是提前完成。后来，程宇渐渐觉得有些体力不支了。同事刘健知道程宇平时工作很累，就邀请他周末和部门其他同事一起去郊区自驾游。

程宇心想：这不就是浪费时间吗，不行，还是工作最重要。于是拒绝了刘建的邀请。

刘健劝他这样是不行的，身体会吃不消。程宇却不在乎，他满脑子里只有工作。

有一天，程宇突然晕倒在茶水间。

同事们把程宇送到医院。检查后医生对程宇说："你的身体已经出现过度劳累的症状，你应该好好休息一下，再这样下去，身体就垮了。"医生劝程宇，工作虽然很重要，但身体才是革命的本钱，机器都有出故障的时候，何况是人呢？劳逸结合才能把工作做好。

程宇听完医生的劝告，又想起一些因为工作过劳死的新闻，心有余悸。这才意识到自己应该爱惜自己的身体，学会休息，才能更好地工作，获得成就。

程宇听了医生的话，工作时全身心投入，休闲时全身心放松，从此程宇的业绩又回到了当初名列前茅的水平，很快就升职了。

我们不仅要会工作，还要会休息，劳逸结合才能提升工作的质量和效率。如果你只知道工作，到最后拖垮了身体，工作也没做好，岂不得不偿失？

当你在接受一项新的工作任务时，应该先考虑一下做这件工作要付出的时间成本和将要承担的压力，并根据自己的实际能力制定一个工作计划。从简单到复杂，逐渐增加自己的成就感。

其次，我们要关注自己的工作节奏，提前一天做好第二天的工作计划，让你轻松入睡，又从容开始第二天的工作。

最后，我们可以采用“间歇性工作法”。简单地说，就是工作一会儿歇一会儿。比如工作一个小时之后，可以休息5分钟，看看新闻，泡杯咖啡，等等。每完成一件工作，就在清单上打个大大的勾，看着工作一件件减少，也是非常有成就感的事。

我们要时刻牢记，工作不是生活的全部，身体健康才是最重要的。

有一句话是这样说的：“生活的理想，就是为了理想的生活。”要想达到理想的生活，就需要要合理安排时间，调整好工作的进程，搭配好生活的脚步。

一个拥有健康的身体的人，才能掌控工作的节奏，赢得高效的、有成就感的人生。努力让自己成为一个能工作会休息的人，随时随地掌控自己的一切。

最难的事情最先做，一次做好一件事

在我们追求目标的过程中，常常会有一些不重要的事情分散我们的注意力，以至于让我们偏离原本的轨道，走上一条错误的道路。为了防止此类事情的发生，我们应该把我们要做的事情排个序，最重要的事情最先做，这样才能将工作做得井井有条。

一位老教授即将退休，他来到教室给学生们上最后一节课。学生们非常疑惑的是，这次教授的讲台上放的并不是讲义，而是一个桶和一堆石头。教授说："我已经把能教的都教给你们了。今天，我们来做一个小小的实验。"

教授把石头放进铁通里，当铁桶被石头装满时，教授停了下来问大家："你们觉得现在桶里还能装下别的东西吗？"学生回答说："不能。"

接着，教授又从讲台下面拿出一小袋碎石，倒在铁桶里，并晃了晃铁桶，不一会儿，碎石渗下去了。教授又问大家："现在这个桶里还能装得下别的东西吗？"学生们的声音有些不自信了："应该……还可以吧……"

教授说："没错。"边说着，教授边从桌子下面拿出一袋细沙，倒在桶里晃了晃铁桶，只见沙子也渗了下去。教授又问大家："现在呢？还能装吗？"学生们支支吾吾地回答："还能吧……"

接着，教授从桌子下面拿出来两瓶水，他慢慢把水倒进桶里。两瓶水倒完了，他抬起头微笑着问大家："这个实验说明了什么？"

一个男生举手说："说明就算我们平时时间安排得再充实，也能挤出时间做别的事情。"

教授说："你说的很有道理，但是没说到重点。这个实验告诉我们，如果你在最开始不先把石头放进去，你就再也放不进去了，因为这个桶已经被碎石、沙子、水给占满了。但是当你先把石头装进去，表面上看好像是没了空隙，实际上还有空间。

在你们以后的日子里，不管是生活还是工作，都要分清楚什么是石头，什么是沙子、碎石和水，然后把最重要的石头先放进去。”

在我们的生活中，“石头”“沙子”的定义因人而异。但是关键在于，我们要搞清楚自己的“石头”是什么，并保证最先处理它。

一个人是平庸还是优秀，往往就体现在这一件事情上。优秀的人分得清轻重缓急，把重要的事情先做好；平庸的人眼看着做了很多事，但是没有一件做在点子上。

我们每时每刻都在平衡时间和琐事之间的矛盾，不管是人生大事，还是芝麻绿豆的小事，都要做好协调。

有的人的确非常勤劳，也很有能力，但是他们陷入了一个误区。他们觉得每件事情都很重要，每件事情都得完成，一下慌了手脚，结果这也没做成，那也没做成。实际上，真正重要的事情并没有那么多。

你可以同时处理很多事情，但是不代表你能把每件事情都做好。我们可以把自己想象成一个沙漏，在沙漏的上一半，有一撮沙子。但是，谁都没办法让所有的沙子同时从中间的孔里掉下去。我们每天要做的事情就像这个沙漏里面的沙，要一件一件地完成，就像沙子一点点从孔里掉下去。这样，我们既能把事情完成，又能保证生活秩序不被打破。相反，如果一心二用，就会导致事情没做好，生活也是一团乱麻的结果。

在这个世界上，每个人每天都只有 24 小时。但是有人可以在相同的时间里，创造比别人多的价值，这是为什么呢？答案很简单，这些成功人士的所有精力都集中在一个目标上，他们一次只做好一件事。

孔子曰："吾日三省吾身……"我们每天也能问自己 3 个问题：

第一，今天最重要的事情是什么？至少预留出 4 个小时来处理，在这个 4 个小时内不受干扰，把注意力完全集中在这件事情上。

第二，本周最重要的事情是什么？在本周内至少预留出 1 天的时间处理这件事情，并确定截止时间，在这个截止时间前一定要完成。

第三，本月最重要的事情是什么？在本月内至少预留出 4 天的时间来处理这件事情，并且也要设定一个截止日期，提高自己的效率。

然后，把这些重要的事情进行分解，专注于重中之重。请大家记住，一次只能做一件事情。因为在不同的事情之间切换的成本太高，并且人类并不适合一心多用。

在工作中，我发现了一个有趣的现象：每次当我收获巨大的成就感的时候，都是我非常专注地做一件事情的时候。

那些成功人士更加相信这一点，于是，他们把事情分好轻重缓急，先完成最重要的，再完成次要的，就像推倒多米诺骨牌一样，只要完成了最重要的那一件，剩下的事情就迎刃而解了。成就感是一点一点获得的，脚踏实地，一步一个脚印，一次做好一件事。

获得成就感的秘诀就在于专注做好一件事。你有多专注，就能把事情做得多好，进而决定了你能走多远。在不同的目标之间来回切换，很难聚精会神地完成一件事。鱼和熊掌不可兼得，我们要学会抓对自己最重要的。

在这个充满诱惑、五光十色的世界里，我们并不需要太多，只需要专注做好一件事，你就能获得成就感。

管理好时间，就管理好了人生

前几年，有一段视频爆红网络，主角就是清华大学的学霸马冬晗。

马冬晗在校期间多门功课超过95分，更让人惊讶的是她那排得像马蜂窝一般密集的时间表。网友们不禁感叹，“大明星也未必有她忙”“我可能上了个假学”等。

我当初看到这条微博的时候，也被震惊了，然后我也做了一个详细的计划表。毕竟我们都知道，管理好时间就等于管理好了人生。然而，我并没有成功，反而被这张时间表坑惨了。

在这张计划表里，我的每一件事情都有精确的时间安排。

最后的结果就是我压力很大，好像不按照这个表执行就对不起自己一样。不仅如此，我还要时不时盯着时间，生怕自己出一点差错。

俗话说，计划赶不上变化，一旦有什么突发状况，这张计划就完全被打乱了。因此，我没坚持多久就放弃了。难道我注定是个庸才吗？天才和普通人的差距怎这么大？我一度怀疑自己的智商。

在一次与朋友的聚会中，我才知道，原来，马学霸的那张表不是计划表，而是记录表。表格里密密麻麻的都是她今天做的事情，就像记日记一样。马学霸不仅要对今天做出总结，还会对明天做一个简单的计划。我恍然大悟。

对于管理时间，我们常常会进入一个误区，以为时间管理就是把每一分每一秒都安排得明明白白，恨不得把 24 小时当成 48 小时来用。实际上并不是这样，时间管理是要合理安排时间，让重要的事情有充足的完成时间，让自己更好地享受生活。

既然如此，我们该如何进行时间管理呢？

一、仔细分析自己时间的运用情况

不妨以半个小时为单位，记录下自己每天做了些什么事情。三四天后，你会恍然大悟，为什么你的工作效率这么低，为什么别人能做完的事情你做不完。

二、把自己的生活目标列出来

你可以把你现阶段的目标列出来。这里说的目标，是全方位的生活目标，包括工作计划、休闲计划、学习计划、运动计划，等。一个充实、平衡的生活状态，也能让自己体会到成就感。

三、按照事情的重要程度排序

运用“二八原理”，把80%的精力放在最重要的20%的事情上，在用这20%的动力，带动剩下80%的事情。

四、以一周为周期安排计划

做计划时，最好以一周为单位来安排要做的事情，这样既不会感觉时间太紧张，又能高效地达成目标。

五、安排好每天的生活计划

当我们制订好一周的计划，想要顺利完成，还得安排好每天的任务。事情安排得越具体越好，比如“3小时完成策划案”就很笼统，应该更细化，比如“40分钟查找资料，20分钟大框架，1个小时完成策划案第一部分……”，这样就好多了。

六、要善于利用身体自然的生物钟

我们的身体有自然的生物钟，在不同的时间，我们的身体有不同的表现。如果能按照生物钟来，那就像借准了东风，事半功倍。

表2-1 人体生物钟

时间段	适合做的事情	原因
上午9点到11点	企划时间	这个时间段我们的思考、组织、计划能力最强，反应最敏捷，适合做难度比较大的企划工作
上午11点到中午12点	决策时间	我们的记忆力和体能在上午11点到达顶峰，而近中午时则是作出复杂决策的最佳时机，因此这段时间可以用来开会。
下午1点到2点	创意时间	在下午2点左右，我们的想象力最丰富，因此若要写写信、作作诗，或想些新点子，这个时间段最理想。

下午3点到5点	整理时间	在下午3点，身体各功能都进入了一个疲惫期，最适合做些不太需要动脑筋的事情，比如回电话、打字、整理档案等。不过值得一提的是，此时长期记忆能力最强，所以复习外语、恶补新学习的工作技能等，是不错的选择
下午5点到7点	运动时间	我们的体能在下午5点达到最高峰，反射动作快，身体协调能力佳，可以趁现在锻炼身体

七、事情由难到易解决，拒绝拖延症

一旦制订了每天的计划，就要按时完成，不然就前功尽弃了。如果你没有高度的自律，不妨找一个监督人，每天监督计划的进度，甚至可以制订惩罚条款，用来鞭策自己。

八、不重要的事情，可以找人代劳

时间只会慢慢溜走，不会增加。所以不用事必躬亲，那些不重要的事情，可以让别人代劳。那些耽误时间的请求，可以直接拒绝，把时间留给那些重要的事情。

九、留出可支配的弹性时间

有一点需要注意，规划时间时不用争分夺秒，这样只会让自己的压力越来越大，动力越来越小。预留一些弹性时间给自己，可以调整自己的情绪，更好地面对挑战。

十、做了总比没做好

如果你有强迫症，非要等所有的准备工作做好了才肯开始行动，那么，你很可能成为拖延大军的一份子。如果你对自己的要求一直以来都很严格，那么事情不会完成得太仓促。所以，当你听到“再等等看吧”的声音时，千万不要被蛊惑了，你应该想着“先做做看吧”，哪怕失败了，也可以从头再来。

十一、不要一心二用

有时候，我们确实可以一心多用。比如，听歌的时候可以工作，做饭的时候可以看电视。但如果你按照这样的原则安排工作，那你将会一事无成。我们应该学学禅宗精神，把注意力集中在一件事情上，才能让自己不焦虑，创造价值，收获成就。

最有成就感的，莫过于做自己热爱的事情

在第三季的《中国诗词大会》上，外卖小哥雷海为火了。他打败了北京大学的文学硕士，成为第三季《中国诗词大会》的总冠军。

主持人董卿这样称赞他：“我觉得你所有在日晒雨淋，在风吹雨打当中的奔波，你所有偷偷地躲在那书店里背下的诗句，在这一刻都绽放出了格外夺目的光彩。”

雷海为是一名普通的外卖小哥，他非常喜欢古诗词，一路过关斩将，终于走上总决赛的擂台，收获了自己的成就。

雷海为还在上小学时,就对古诗词产生了十分浓厚的兴趣。参加工作后，一次偶然的机会，他读了一本《诗词写作必读》，对古诗词更是爱不释手。

因为热爱，他只要有空就泡在书店的古诗词书籍区，因为经济条件有限，他没办法把这些书都买回家，那么他就把这些书都背下来，到家再默写。他几乎把所有的业余时间都拿来背古诗词了。

在诗海畅游这么多年，他学会了用古诗词开导自己。他说，在面对挫折时，想想古人那些人生智慧，心胸一下就开阔了。连节目组的导演都对他都赞誉有加：“他非常淡定，不管是答对了还是答错了，都从容自若。很多人第一次来央视的舞台都很紧张，但是他不一样，好像之前来过一样。”

确实，在当今浮躁的社会里，很多人都想着如何找到捷径获得成功。于是他们眼里只有功成名就，可是有的东西你越追求越得不到，因此整个社会一片心浮气躁。

安静下来去做一件自己热爱的事情仿佛比登天还难。我们越来越在乎结果，却忘记路上我们看过多少醉人的风景；我们追求成功，却忘了问自己是否真的感受到成就感。

日本作家村上春树说：“我们每个人的天赋和际遇都是不一样的，当你开始做一件自己热爱的事情的时候，不一定会进行的很顺利，但你既然热爱，就一定要坚持下去啊。”

而村上春树也做到了这一点，一直和自己热爱的事情在一起。

村上春树从小就很喜欢读书，读小说，读英文原著，读历史，读一切他感兴趣的书。这些他读过的书，是他建起小说大楼一块块坚实的砖瓦。

在他 30 岁的时候，他突然萌生了写小说的想法。于是他坚持每天写作。刚开始，他并不满意自己的作品，还一度对自己产生怀疑。但是他从来没想过放弃，因为热爱，他一直坚持。功夫不负有心人，他的小说《且听风吟》一问世就获得了“群像新人奖”。

后来，村上春树决定辞掉工作专心写小说。当周围的朋友和家人都劝他慎重考虑时，他非常坚定，他说：“这是我人生的紧要关头，一定要果断一点，哪怕就这一次，我也要下定决心。我拼尽全力写小说，如果失败了也没关系，大不了从头再来。”

从此，村上春树就开始了他小说家的职业生涯。因为他做着自己热爱的事情，从不觉得累，反而觉得很有成就感。

村上春树就是一个是十分随性的人，他全心全意做着自己热爱的事情，从不被外界影响，因为他的内心无比强大。

一个人，如果他内心坚定，对所做的事情充满热爱，只要能坚持下去，就能在不经意间收获意外惊喜。

不管是雷海为还是村上春树，他们身上最值得我们学习的一点就是，不管这个世界如何看待他们，不管身边的人如何评价他们，他们都始终坚持自己的理想，为自己热爱的事情奋斗，他们不在乎结果，只享受路上收获的那些成就。

最有成就感的，莫过于做自己热爱的事情，而更有成就感的，是坚持做自己热爱的事情。

做自己热爱的事情，才容易坚持下来，因为你愿意为其倾注所有注意力。任何人想成功，必定会遇到艰难险阻，但是只要你坚定信念熬过去，就一定能有所突破，收获成就。

但是，我们都是普通人，就算是做自己热爱的事情，当久久没有成就时，也会感到迷茫，甚至想到放弃。

朋友俊勇最近在学习钢琴，上周他向我吐槽了一下他学钢琴的心路历程。

他说刚开始学钢琴时，每天下班都去琴房练习一个小时，特别积极，每天都能感觉到自己在进步。可是没过多久，当最简单的音阶都会了，开始练习和弦时，两只手却怎么都配合不好。由于受到了这点“打击”，他不再每天练习了，进步也不如从前了，甚至开始怀疑自己是不是不该学钢琴。

后来老师对他说：“其实每个学钢琴的人都会遇到瓶颈，包括老师自己也是一样，不用过于担心。只要静下心来勤加练习，就一定能克服这个难点。”

不仅仅是学钢琴，做其他事情也是一样，当我们已经获得一些成绩时，会发现自己进入了一个瓶颈期。要突破这个瓶颈期，不仅要付出时间，还需要调整好自己的心态。越过了这个坎，你会发现自己有了质的飞跃，以后的路会越来越顺。

俊勇听了老师的话，又恢复了以前的热情，勤加练习，终于他可以熟练地弹奏和弦了。俊勇说：“我曾经以为有些事我绝对做不到，努力之后才发现，自己是可以做到的，并没有我想象的那么困难。”

现在的他，对钢琴越来越喜欢，因为他坚信不管遇到什么困难，只要静心坚持，就一定能战胜自己。

俗话说，冰冻三尺非一日之寒。任何事情想做成功都需要努力，只要你不放弃，才能离终点越来越近。

人生中最大的成就感莫过于，有自己的坚守，和热爱的一切在一起，做让自己快乐的事情。

第3章

成就「硬核」生活就是这么简单

人这一生最大的错觉，就是误以为自己还有很多时间。

但其实，当下流逝的每一分每一秒，都已无法重来。来日方长，只是一种美好的愿望。

趁现在，去做你想做的事，去制订目标，实现你的梦想吧！

别在不该将就的年纪过将就的生活

戒不掉美食，胖就胖吧，将就将就也没什么；早上想多睡一会儿，所以早餐不吃就不吃了吧，反正中午也要吃饭，将就将就也没什么。

将就，似乎成了我们口头禅。我们总抱怨生活没有成就感，老天爷不公平，可是将就的生活是你自己的选择，本该不将就的年纪，为什么要活得这么将就呢？

我们也曾有雄心壮志，想干出一番大事业，但是又有多少人真正做到了呢？我们因工作变得忙碌，看似被所有人需要，可是自己一点收获都没有。因此，我们慢慢变得非常“丧”，是对身边的人、事、物都不挑了，就这样将就着前行。

当我们反应过来：“我明明不是一个将就的人啊！可最后为什么会变得平庸呢？”因为你从一开始就无意中选择了将就。

我是个如假包换的吃货，我身高只有 165 厘米，但体重曾突破80公斤，你就应该知道我到底有多管不住嘴，又迈不开腿了。

上大学的时候，街上1块钱1串的炸串儿，我一个人可以吃10串。三轮车上的糯米包饭、小餐馆里高热量的糖醋里脊、超市里的奥利奥和威化饼，都让我爱不释手。就这样，我在吃货的路上越走越远，体重也越来越高。

后来参加工作了，在同事梅梅的带领下，我吃了一次超级贵的网红蛋糕，从此后便念念不忘。我想着，以后有机会一定要再去一次，但是当时的工资很低，吃一次，我一个星期都不用吃饭了。为了再次品尝到美味，我只好开源节流，把买奶茶、零食的钱全都省下来。一个星期之后，我竟然发现我瘦了。

这对一个对减肥无望的胖子来说，简直比天上掉馅饼还开心。没有想到在等待美食的路上，意外获得了瘦的惊喜。我决定不去吃那个蛋糕了，再接再厉，要继续瘦下去。

作为一个吃货，我开始控制嘴和迈开腿了。经过一段时间，原来圆圆的我开始有腰了，气质也不一样了。我有了一点小小的成就感。

从这次的“意外减肥”事件中，我悟出一个小小的道理，凡事不将就，努力克服一切困难，所有的事情就会开始慢慢将就你。

生活中不将就，那么在爱情中更不能将就。如果你不想随便找一个对象就这样将就过一辈子，那就塑造最好的自己，找到那个对的人。千万不要因身边人的劝说就妥协，就算这辈子遇不到那个人，潇潇洒洒过一生，也总比找一个三观不合的人，整天为了鸡毛蒜皮的事情吵架好。

当你想要过更好更自在的生活时，总会有一些世俗的压力摆在你面前，逼你做出一些妥协。可是，我们都是不服输的人，越受到压迫，过得好的欲望就越强烈，从而激励我们更加努力地去奋斗。

也许有人会觉得我的想法太极端了，但是，生活是自己的，过得好不好，只有自己心里最清楚。但是当你老了，回首自己的一生时，你不会为那些没见过的风景和没来得及做的事情而感到后悔。

因此，对于年轻一代的我们，正值芳华，一无所有并不可怕，可怕的是压抑自己的天性，克制自己的追求，麻痹自己的欲望，就这样浑浑噩噩将就一辈子。我们原本可以拥有一个灿烂的人生，切记不要因为一点点将就与成就擦肩而过。

希望你能在这个不将就的年纪，过不将就的生活，努力奋斗，用更好的状态，迎接未来的每一天。

与其抱别人的大腿，不如自己当大腿

在平常的社交中，我们常常会听到这样的对话：

“升职啦！来来来，以后别忘了提拔提拔我。”

“发财啦，哎哟不错，抱紧你的大腿不放。”

“你可别把我拉黑，等你以后发达了，别忘了老同学。”

不知道从什么时候开始，抱大腿、蹭热度成了一种时髦。古人云：“苟富贵，勿相忘。”抱大腿可谓是升级版。

虽说大部分情况下，我们只是开个玩笑，并不是真的要抱大腿，求人家办事，或者只是想表达一下羡慕之情。但是话说回来，与其羡慕别人，不如自己成为大腿。

前段时间，老板给我布置了一个任务，想请一位大咖为我们公司写一篇周年庆的推文，这对我来说可是有点难度。一是我层次有限，根本不会认识那种大咖；二是，如果到了最后关头，我可以自己写一篇“蒙混过关”，但我如果写不出那种深度。

正在我为难的时候，突然想起我有一位出版社朋友的联系方式。于是我怀着忐忑的心情给他发了一条微信：“×哥您好，听闻您认识××老师，我们老板想请××老师为公司写一篇周年庆文章，您能不能帮忙联系一下？”

半天过去，终于有了回应，结果对方说自己和 ×× 老师的私交甚浅，可能帮不了我这个忙了。于是，第一次“抱大腿”失败了。

我本来就不喜欢求人，但是既然接了这个工作，半路撂挑子也不太好。于是我发了一条朋友圈求助。一个朋友给我留言说她有 ×× 老师助手的微信，便私信推给了我。但是我加了对方好几遍对方都不肯通过，我知道，这次“抱大腿”又失败了。

后来，我把这件事给朋友说了，朋友问我：“你跟 ×× 老师很熟吗？”我说：“根本不认识啊。”她又问：“你们老板跟 ×× 老师熟吗？”她说：“也不认识啊。”

她说：“那当然啦，人家根本不知道你是谁，又不能给他带来什么好处，肯定不理你啊。没事儿，以你的水平写一篇文章出来，肯定会过关的。说不定等那天你小有名气了，人家还上赶着来抱你大腿呢！”

在陈瑜的《30 岁趁势而为》中，有一节专门讲过怎么收获贵人缘。大概意思是这样的：如果你遇到了一个你非常想得到的人脉，不要接近的太刻意，不要一开始就约人家吃饭、要电话，这样是不起作用。如果对方真的像你说的那么伟大，那他可能正忙着实现价值呢，根本没空搭理你。就算你约到了对方，他赏脸跟你一起吃饭，但是你跟那些想求他办事的人有什么区别呢？到最后也不过泯然众人矣。

相反，如果让他知道你很特别，值得他花时间你接触、了解你，就事半功倍了。这就像追求自己心仪的另一半一样，要放长线钓大鱼。如果对方是创新人士，那他肯定欣赏思维活跃的创新型人才。所以，你必须用你富有创意的思维吸引他。

与其绞尽脑汁求得他的帮助，不如换位思考他需要什么，你能帮他什么，并且摆出一副不求回报的样子，尽心尽力。当你成为他的得力帮手，获得了贵人的认可，如果以后你需要他的帮助，就水到渠成了。

有这样一个故事，曾经有一家公司的老板濒临破产，眼看自己建立的商业王国即将坍塌，在这危急关头，一位昔日好友借了他 500 万元，助这位老板渡过了难关。

很多人都夸他这位朋友重情重义，但是别人不知道的是，这位老板在顶峰时期也接济过这位朋友。

就算别人的名气再大，那也是别人自己一步一步走出来的；别人的粉丝再多，也是用魅力一点一点吸引过来的；别人的顾客再多，也是用产品质量和口碑一位一位稳住的……人家凭什么给你义务劳动呢？

如果你想获得别人的帮助，首先要看看自己能帮助别人什么。通过交换资源的方式获得帮助才是最好的办法。如果实在无奈，只能低头求别人帮忙，那也要放低姿态。因为别人帮你是情分，不帮你是本分。

不过我一直觉得“抱大腿”是可遇而不可求的，所以与其抱别人“大腿”，不如自己当“大腿”。因为，层次高的人通常只会和自己同层次的人来往。

当你只是个“脚指头”的时候，你想抱大腿也没机会，但是当你成长成为“大腿”时，其他的“大腿”想无视你都不行。

但如果你想一直凭借“抱大腿”走上人生巅峰，这种可能性微乎其微。

正确的方法应该是，力求上进，奋发图强，晋身为“大腿”，然后和其他的大腿比肩同行，互助互爱，实现人生目标。

有一种生活叫“断舍离”

张薇是我的朋友，她的气质如空谷幽兰，不施粉黛的脸上带着淡淡的微笑。

张薇是我工作的时候认识的，我对和她共事的那段时光有很深刻的印象。她的办公桌收拾得非常干净，从没有乱七八糟的时候。文件架上的材料，她会用小标签一个个标注好并分类。

有一次她在在外地出差，让我传文件给她。我打开她的电脑，发现电脑桌面上的文件都分类得清清楚楚。

业余时间，我们也一起出去逛街。逛街时，发现她和其他的女生不一样。大部分女孩子逛街的目的都是买东西，只要喜欢就买买买。但是张薇却很理智，喜欢的不一定要买，她只买自己需要的。她逛街的目的是想通过逛街感受这个城市的生活气息，感受生活的美好。

但我去过她家后，就更加佩服她了。她追求极简生活，家里并没有华丽的装修，素净的家具，整齐简单的摆设，加上一些绿植的点缀，让人一下就能安静下来。她穿着简单的家居服，在厨房里做饭，举手投足间透露着点点温情。

我们在聊天时，她说："不管下班回家有多累，都会把家里打扫清理一遍。"

我问她："你不觉得麻烦吗？"

她说："不麻烦啊，我从来没把打扫当成完成任务，而是一种生活方式，挺享受的。在整理的过程中，我能把我烦心事儿一并整理了。通过整理，我可以反省自己。不仅仅是家务，生活上的方方面面我都会定期清理。"

她接着说："生活需要断舍离。把那些没用的废物清理掉，我们才有更多的空间装那些有意义的事情。我每次断舍离之后，都觉得很有成就感。"

看着她，我觉得她特别像一朵出淤泥而不染的莲花。

在这个五光十色的世界里，还能坚持"断舍离"的生活哲学实属不易，因为这需要坚定的毅力和澄澈的心境。

当我们回到熟悉的家中，重新审视这个和自己距离最近的空间，你清楚它正处于一个什么样的环境中吗？

我们非常容易忽视那些生活中非常熟悉的细节和事物，而这些细节累积到一定程度就会影响我们的生活。当你看到堆积如山的快递盒、油腻的灶台、被口红摆得满满的梳妆台的时候，你的心情一定不轻松。当你在抱怨自己的生活环境越来越差时，实际上是在抱怨自己为什么这么不懂生活。

怎样才能维持一个好的生活状态呢？首先需要有整理的能力，保持生活环境的干净利落，给自己提供一个宽敞的空间。但是，真正的整理，并不是行动起来，清理干净就好了，还需要你有一定的自律。

日本杂物管理咨询师山下英子曾提出“断舍离”的生活概念。她觉得“断舍离”能让生活变得充满禅意。她是这样定义“断舍离”的：“断”就是把那些不需要的东西拒之门外；“舍”就是把家里不用的废弃物品全部丢掉；“离”就是能够脱离对那些可有可无的物品的依赖，给自己的一个自由自在的空间。

想要过“断舍离”的生活，就不能用散漫的态度来对待自己的人生。所以，当我们在一心为自己的成就感奋斗时，不要一心只顾往前冲，我们需要偶尔停下来整理一下自己的生活，再出发。

但是，当我们再次出发时，也会面临种种诱惑，甚至被诱惑吞噬。但是，明白人都知道节制和分寸。他们能够抵抗诱惑，对物质的依赖性并不大。他们不会因为贪图一时愉快，就被自己的欲望绑架，作茧自缚。

一个人是如何看待物质的，即使他不表达，也会从生活方式和外貌表现出来。

参加工作后，我认识了很多前辈。我发现凡是那些优秀的人，他们大多都形象气质佳，浑身充满正能量，不仅如此，还有超高的忍耐力。

我的朋友圈就有这样一位前辈，她不仅事业发展的如火如荼，还是一位辣妈。业余时间除了陪孩子，还喜欢写一写文章，发布在自己的公众号里。

有一次，她在朋友圈晒出了自己的马甲线，我这才发现，她那么忙还有时间去健身。

还有一位朋友，创立了自己的护肤品牌已经有七八年了。吹弹可破的肌肤、姣好的容貌是她为自己的代言。但是她说，自己是易胖体质，一旦饮食不规律，身体就会走形，气色和皮肤状态也会差很多。如果自己的产品都没能让自己皮肤好起来，怎么会吸引顾客呢。所以，在控制饮食的同时，她还坚持锻炼，让自己的身材和皮肤状态保持在最佳状态。

我们想要让自己的人生变得简单，没有压力，就要学会看淡物质。所谓看淡物质，并不是要彻底脱离物质，而是让大家不要沉迷于物质，要有更高的追求。不要被物欲横流的社会同化，金钱和权力带给你的只是一时的快感，内心的平静祥和才是永恒的成就。

古人云，乱花渐欲迷人眼。面对复杂的社会，纷繁的诱惑，我们要保持头脑清醒，学会“断舍离”的哲学处世。我们不仅要知道自己想要什么，还要清楚自己应该舍弃什么。

多读书，多经事，一个人的内心才会变得丰富，精神才会变得坚定，因此由内而外散发出与众不同的气质。这才是“断舍离”的生活让我们收获的成就。

你没有你想象的那么脆弱

朋友苏晓静毕业后连老家都没有回，拖着行李就去了广州。这两个行李箱就是她所有的身家。刚到广州没两天，她就租了一间不足 5 平方米的房子，这将是她未来两年的“家”。

原本两室一厅的房子被房东改造成了有6个房间的蜗居房，苏晓静的“家”就是其中一间，6 户人共用一个卫生间。这显然不是她想要的生活。

大学时期，寝室住了 4 个人，那个时候，她天天嚷嚷着参加工作以后，一定要租一个大套间，有明亮的落地窗，宽敞的阳台，还有一张大床。到了广州以后，她才发现自己以前有多傻，也有点身在福中不知福。

如果那个时候我们对他说：“晓静我告诉你，你毕业以后肯定只能住5平方米的小隔间，还是6个人共用一个卫生间那种。”她肯定会说：“走开，你少诅咒我了。”

但是，当苏晓静和房东签下租赁合同，整理好行李，关上门躺在床上时，她好像还挺满足的。毕竟在同学们还在为住宿问题跑断腿时，她已经有落脚点了。这一点点成就感，让她心满意足。

住的地方搞定了，就该开始找工作了。她打开电脑，漫天投简历，可是打电话联系她的却寥寥无几。她知道，如果再找不到工作，估计下个季度的房租就成问题了。她反复检查自己的简历，没有写错电话号码啊，为什么接到的电话一个手都能数过来呢。

苏晓静并没有放弃，她一边继续投简历，一边看着手机，害怕有公司打电话来自己错过了。正当她发呆出神时，电话响了，终于有公司邀请他去参加面试了。

功夫不负有心人，面试了三家公司，最后有两家都决定录用她。权衡了各种利弊后，她选择了其中一家，各方面福利待遇都不错，住的地方离公司也只有五站地铁。

上班高峰期的地铁站，真的拥挤得无法想象，她的通勤包都被挤变形了，脚也不知道被人踩了多少下。但是一坐到工位上，她就满血复活了。

住在蜗居房里，如果在卫生间超过15分钟就会被“邻居”

谩骂。更惨的是，有一次她因为加班晚回家几个小时，结果12点才轮到她洗澡。无可奈何之下，她只能趁别人还在睡梦中的时候起床洗澡。这样的日子，她一过就是两年，在这两年中，不管多艰苦，她都坚持过来了。

两年后，苏晓静搬离了这间蜗居房，换了一个30平方米的小公寓，还有一个小阳台。

虽然没有大富大贵，但是晓静凭借自己的努力，改变了自己的生活环境，也算是实现了自己的一个小梦想。

我们都还年轻，其实大可不必担心未来，只要我们努力，就能得到你想要的。我相信老天爷一定不会忘记每一个努力奋斗的人。

其实，生活的真面目就是这样，但你觉得走不下去的时候，想想自己的目标，再坚持一下，希望就在前方。因为你并没有你想象中那么脆弱。

同事安远前段时间失恋了，他女朋友劈腿，和一个富二代好上了。在此之前，安远全心全意为她付出，他未来所有的计划，都有女朋友的参与，房子的首付也已经够了。正在他想求婚的时候，女朋友和他分手了，这无疑对他是一个巨大的打击。

他非常痛苦，请了一周的假，待在家里不愿意出门。一周之后他来上班，像换了个人一样，气色憔悴，整个人瘦脱了相。

在这个地球上，离了谁地球都会继续转动。生活也是一样，谁离了谁都能继续前行。他打开电脑，新建了一个文档，又重新开始了他的工作。

安远说，他在最痛苦的时候，觉得自己快要活不下去了。失恋有多痛，一定要自己经历过才知道。他以前觉得电视剧里面演得太假了，现在想一想，果然戏剧来源于生活。

过去那些美好的记忆如潮水般涌来，充斥了他整个世界。也许人就是这样，一旦失去了，存在脑海里的都是美好的回忆。失恋的时候，人们会把以前恋爱中愉悦的情绪和美好的回忆无限放大，同时也会把悲伤放大。失恋固然是一件让人难过的事情，但是如果因为失恋把自己搞得邋里邋遢，沉浸在悲伤中出不来，就得不偿失了。

每个人治疗情伤的方式都不一样，安远用了故地重游法。他休息时，重新走了一遍当初和女朋友走过的路，吃了一遍吃过的餐厅，然后，为这段恋情画上一个句号。

现在的安远认认真真上班，他相信，只要自己认真对待生活，不自暴自弃，就一定会遇到一个更加值得自己爱的人。在这之前，他唯一要做的，就是成为更好的自己。

安远曾经也认为，如果失恋了，自己肯定会去殉情的吧。可是现在呢，他不仅变得更优秀了，而且比以前更自信了。经历了失恋，他发现自己可以原来可以这么强大。

我相信，每个人的人生都会遇到一个觉得自己绝对跨不过去的坎。当这一天真地来了，不用逃避，勇敢面对，你比你想象的要强大得多。不可否认，每个人都有脆弱的时候，不要紧，你也不用故作坚强。

人生就是一步一个脚印走过来的，不管有多困难，都要坚信自己一定可以坚持走下去。

哪怕现在的你千疮百孔，沉浸在伤痛中不能自已，但时间可以治愈一切。等你挺过去之后，就会发现，这些磨难也没什么大不了，那些难过的事情都是浮云。

生活的荆棘，一次又一次告诉我们，你有一颗强大的心脏，并没有想象中的那么脆弱。

好好和现在的自己相处

我经常和朋友们交流一个问题，到底什么是爱自己？怎么做才算是接纳自己？为什么有的过往明明已经过去很久，却还是让人很痛苦？为什么我们会为未来的事情感到焦虑？

没错，我真的很想有一种灵丹妙药，服下之后所有的烦恼都能烟消云散，可现实给我们泼了好大一盆冷水。如果非要给这些问题开一个处方，那就活在当下吧，不计较过去，不忧虑未来，好好和现在的自己相处。

有一个朋友很焦虑。她说她男朋友现在处于创业阶段，和朋友一起投了不少钱。她非常担心万一哪天创业失败了，钱都打了水漂。她还担心男朋友以后创业成功了，受到了外面花花世界的诱惑，和自己分手，到头来人财两空。

我问她："那现在，你男朋友创业对你们目前的生活有什么影响吗？"

她说："其实并没有什么影响，只是陪我的时间少了，大部分时间都待在公司处理业务。经济上也没有什么影响，反正我现在有工作，收入稳定。"

那天，我们聊了很久，我花了很长的时间和她讨论未来的事情和现在的关系，直到她开口问我："你说，为什么我不是在忧虑过去，就是在担心未来呢？"

我说："是啊，这是我们普通人的通病，我们常常作茧自缚。"

她说："我好像有点明白什么是活在当下了。"

我说："那你说说你的理解。"

她说："就是把注意力放到现在啊，过好现在的日子。这么简单的道理，你应该早点告诉我。"

我说："你自己领会到了才更深刻啊，这样你才能真正理解活在当下的含义。"

日本哲学家岸见一郎在《被讨厌的勇气》中写道："不要

把人生想成一条完整的线，而是要理解成无数点的连续。如果你用放大镜看粉笔画的直线，你会发现原本连续的直线变成了断断续续的小点。看似完整的人生线，其实也是无数点的连续，换句话说，我们的人生存在于刹那之中。”

其实，人生就是无数个一刹那的串联。这里说的刹那就是现在、当下，此时此刻就是过去和未来的连续。

过去和未来是虚无的，所以才说现在。能够决定你的不是过去也不是未来，而是现在——“此时此刻”。当你真正活在当下的时候，你也就认识了自己。

美国作家琼·穆特曾经在她的作品中提出了尼古拉的疑惑：

图 3-1 尼古拉的疑惑

为了找到答案，尼古拉去问了他三个朋友。

第一位朋友是苍鹭索菲亚。她说：“最佳的做事时间就是要提前做好规划了，最重要的人就是贴近天堂的人，飞翔就是最应该做的事情。”

第二位朋友是猴子果戈里。他说：“最佳时机是要通过观察才能把握住的；最重要的人是懂得如何治愈的人，最应该做的事就是每天开心。”

第三位朋友是猎狗。他给出的答案有些不一样：“当最佳时机出现时，你需要一群人来帮你，最重要的人是那个制定规则的人，最应该做的事情就是勇敢战斗。”

三个朋友都站在自己的立场上给了尼古拉答案，也许对他们自己来说，这些答案无懈可击，但是尼古拉却不满意。于是他跋山涉水去向千年智者乌龟列夫请教，因为他活得够长，肯定知道答案是什么。

当尼古拉遇到智者乌龟列夫的时候，他正在整理菜园。乌龟列夫并没有搭理尼古拉，一直埋头整理菜园。尼古拉觉得列夫太累了，就拿着锄头去帮他，直到把整块地都整理完。

刚整理完菜地，就听到有人喊救命，尼古拉马上朝着呼救声传来的方向跑去，在树林里看到了受伤的熊猫，他立刻把熊猫带到列夫的家里，还把熊猫宝宝从树林里救了出来，认真照顾。等熊猫们身体恢复告别的时候，向尼古拉表示了最真挚的感谢。但是尼古拉还在纠结那三个问题。

这时，列夫对他说：“当你帮我整理田地的时候，那就是最重要的时候，那个时刻，我就是最重要的人，帮我工作就是最重要的事。当你把熊猫救回来的时候，救助它们就是最重要的时刻，受伤的熊猫就是最重要的人，把他们照顾好就是最重要的事。”

停了一会儿，列夫接着说：“所以，你一定要记住，最重要的时刻只有一个，就是‘此时此刻’，最重要的人就是此时此刻和你在一起的人，最重要的事情就是和他们一起做的事情。”

尼古拉终于找打了他想要的答案，解开了自己的一个心结。明白活在当下的真正意义，不管是对自己还是对身边的人，都是一种帮助。

很多人都沉湎于过去无法自拔，因为过去的不愉快给自己造成了无法愈合的伤害。于是，他们一直活在痛恨、埋怨、委屈中，不愿走出来。看不到真正的自己，也看不到身边关心自己的人，这份伤害更大。

郑萍离婚后又再婚，时不时拿现在的丈夫和前夫作比较。她常常对现在的丈夫说：“换成我前夫，他就不会这么跟我说话，更不会这样对我。我不用出去上班，他也能给我足够的安全感。”

她的现任丈夫听到这样无端的指责，非常愤怒。于是两个人的关系越来越紧张，最后恶化到再次离婚。

郑萍一直活在过去那段婚姻的美好回忆中，希望现任丈夫也能像前夫一样对她百依百顺。但是一旦回到现实，郑萍只能感受到痛苦。

只有她“清醒”过来，活在当下，看到现在陪在自己身边的人，接受前段婚姻失败的事实，才能承担起现在的责任，才能和现在的自己和解。

有人活在过去，也有人活在未来。

但是未来充满了各种不确定性，正是因为这种不确定，才让我们的未来充满了可能。如果我们的内心还没有强大到可以面对这些不确定事，我们就会产生焦虑情绪。

我担心我写不好文章被领导骂，所以我不去写；我害怕研究生落榜，所以我就不考；我家里有遗传病史，我整天担心自己会不会发病；我担心结婚之后，老公就不会对我这么好了；我担心以后会嫁不出去……

这些担心，都是把自己放在未来的时空。文章能不能写好，要写了才知道；整天担心自己会发病，但是现在身体并没有什么不正常的地方；担心自己嫁不出去，可是缘分的事情谁说得准呢？

当我们为还没发生的事情担心时，肯定不知道如何珍惜当下。“此时此刻”这段时间是无法快进的。如果我们用过去和未来填满了现在，那就意味着连现在的自己都变得没有意义了，这是对自己的不尊重。

所以，活在当下，就是对自己最大的尊重。尊重过去的精彩，也尊重过去的惊吓；尊重未来无限的可能性，也尊重未来遥不可及；尊重现在的开心快乐，也尊重现在忐忑焦虑。

时间无涯，我们只活一刹那。在昙花一现的那一刹那，我们的生命因为自己的尊重和接纳而变得完整。这难道不是成就感吗？

如果所有人都懂你，那你得普通成什么样子

我们常常形容自己“我就是我，是颜色不一样的烟火”，但又常常担心自己过于标新立异而和社会脱节。因此，当我们的想法不被身边的人理解时，就会担心：我变成“怪物”了怎么办？

由于不被理解，觉得自己是个异类，这种想法带来的失落感我非常明白。但是，我也想说，在这个世界上没有人有义务去懂你。

我们都希望被认可，这无可厚非。当别人的想法和你相左时，你会觉得非常气愤，这很正常。但是细细想来，对方的生活背景、受教育程度、人生经历和你都不一样，和你有不同的观点根本不足为奇。

很久以前我读过这样一段话，大概意思是，我们每个人都希望自己被包容，都希望自己的声音被大家听见。可是，人们在现实生活中，就连与自己生活习惯不同，都会议论自己。

网络上有一篇关于李开复和他女儿的文章很火，文章中提到，李开复写信帮女儿准备学校的辩论比赛，他总是选择和女

儿相反的一方来辩论。他这样做，是为了让女儿明白，可以从多个角度看问题。

鲁迅曾提到，一部《红楼梦》光是主题立意，不同的人看得到的结论也不一样。才子看到缠绵悱恻的爱情，道学家看见淫乱，史学家看到社会现实……

为什么别人就该懂你呢？很多事情都是公说公有理，婆说婆有理，我们应该抛弃这种想法，不要执着地认为你觉得对的那一方就是真理。

前段时间高烧不退，整个人没精神，连话都说不出来，我好想找个人吐吐苦水，说说我那时有多难受。

我打电话给朋友，不说话，开着免提听着她在电话那头一直吐槽我不好好锻炼身体，不知道照顾自己，我边听边哭。虽然我现在需要的不是责怪，但是朋友絮絮叨叨的关心我也很温暖。我不希望有人感同身受，但是有人关心就是好的。

以前觉得那些生个小病就哭哭啼啼的人实在是做作，现在轮到自己了才发现，只是我很少生病，没有体会那种难受而已。

生病的时候有人慰问你，他们并不是真的是来关心你好了没有。他们只是想听你说“好多了”，然后把你该完成的工作吩咐给你。如果你如实回答“还很难受，烧还没退”，电话那头估计是一阵沉默，这个对话就到此为止了。

你发朋友圈说生病了，在乎你的人给你留言，不在乎你的人把你当空气，假装看不到。并不是所有人都要在意你看什么书、听什么歌、喜欢哪个明星。这没有什么好失落的，没有人懂你，自己在小世界里徜徉，也很快乐。

有一次，朋友阿云跟我聊起她的前任。去年，阿云出差的时候，她男朋友劈腿了。事情暴露后，前任一边对阿云说给他个机会冷静一下，一边继续和第三者藕断丝连。

阿云快刀斩乱麻，狠下心来和前任彻底分手了。刚分手没几个月，她就在朋友圈看到前任即将结婚的消息。在这之前，阿云带他见过很多次父母，他表面上承诺一定会阿云好，实际上没有任何行动。阿云自嘲：“他不是不想结婚，只是不想和我结婚。”

我替她感到不值得，痛骂渣男无耻，阿云竟然没有跟我一起骂，反而来劝我：“我们看问题的角度不同，想法自然不一样。”

阿云对我说，这个第三者年纪不小了，对她而言，前任或许就是她的“救命稻草”了吧。前任的妈妈还加了阿云的微信，也出来吃过饭，逢年过节，阿云都会打电话慰问。今年国庆，阿云礼貌性地发消息问候，结果对方已经把她拉黑。

这也情有可原，在母亲眼里，没有什么事情比儿子的幸福更重要。我儿子和你在一起的时候，你就是我未来的儿媳妇，我儿子和你分开了，我跟你也就没什么关系了。哪还有心思管你伤不伤心？

虽然阿云现在已经好多了，但是刚失恋的时候，一想到这个事情，眼泪就哗哗地流。我虽然心疼她，但是她的这份悲伤，我真的很难感同身受。

我突然想到我失恋的时候，走在路上就不知不觉泪如雨下。那时候才知道，原来心真的会痛。可是，我的心痛和她的心痛是一个级别的感觉吗？我现在再回忆起当初失恋的时候，还会那么心痛吗？

听完同一首悲伤的歌，低下头看看自己的伤口，深浅一样吗？这世上根本就没有什么感同身受，真如古人云：“如鱼饮水，冷暖自知。”

我一直觉得小区里那些妈妈们的聊天很有意思：

妈妈A说：“我前几天逛街，看中了一个包，太贵了，没舍得下手。”

妈妈B说：“我跟你一样，昨天我才去逛了商场，也看中一个，没舍得买。”

妈妈A说：“我老公从来没给我买过花儿。”

妈妈B说：“天下男人都一样，我老公连我们结婚纪念日都忘了。”

妈妈A说：“我儿子太不让人省心了，学习不自觉，我整天操心给他找辅导老师。”

妈妈B说：“我女儿也没好到哪里去，上个星期，上课看小说，被请家长啦。”

妈妈们的聊天，看似在互相宽慰，其实不过是絮絮叨叨吐吐槽而已，哪里是真的在乎对方的感受呢？

不过这样的聊天也很高明，既能让自己发泄负面情绪，又能在对方身上找到优越感，原来你也没有好到哪里去，这样一来，大家心里都愉快了。

微博上有句话说的挺好：“如果每个人都懂你，那你得普通成什么样子？”一句玩笑，一笑而过便可。让别人理解你、懂你，本身就是奢望。你觉得对方能和你有共鸣，也许只是恰好频率相同、相互安慰。

不要再渴望别人的理解和同情了，这个世界上，真的没有人有义务懂你。你需要做的，应该是让自己变得更强大，或者更无畏。正如古人所说：“壁立千仞，无欲则刚。”

第4章 有趣的灵魂，让你与众不同

好看的皮囊千篇一律，有趣的灵魂万里挑一。

有趣是一种心态，和金钱、学历、性别、年龄都无关。

这一辈子，会被贴上各种各样的标签，什么人生赢家，什么八面玲珑……但是不管被贴了什么样的标签，都别放弃做一个有趣的人，变得有趣，也是一种人生成就。

学会把日子过得幽默一点

当你和恋人出现分歧的时候,为什么一定要争个你输我赢?幽默一点，就能化解矛盾；当你的工作出现纰漏的时候，何必要硬撑？幽默一点，看开些，接受批评，下次不再犯；当你和朋友出现隔阂，为什么要冷战？幽默一点，打破隔阂的高墙，又能“再续前缘”。

你发现了吗，那些幽默的人身边都有许多的朋友，生活很充实，也很有成就感。其实，人生在世，怎么会不经历一些苦难呢？关键在于你怎么看问题。那些幽默感十足的人，就像是灿烂的阳光，能给单调的生活增添一份乐趣，把丧气变为奋斗的动力。

梦琪是一个很有幽默感的女生，身边的朋友都很喜欢她。她简直就是个行走的能量机，走到哪儿都能活跃气氛，有她的地方就有欢声笑语。

但是这段时间，“能量机”也没有能量了。我问她发生了什么事，她说工作不顺心。我觉得很奇怪，当时她为了进这家公司，简历都做了三天三夜，现在为什么会觉得工作不好呢？

梦琪说：“这份工作好是好，福利待遇好，工资高，看上去挺完美的，但是公司的规章制度简直就是反人类。加上我们来了个新领导，又重新制订了一系列团队工作要求，比如不能有办公室恋情啦，办公时间不能拿快递啦，上级安排的工作要无条件服从啦什么的，甚至要求我们见到上级领导要站定打招呼，不能走动，简直丧心病狂。”

有一次开部门会议，梦琪对这位新领导的工作安排有些想法，就和旁边的同事小声议论了几句，结果被领导当着所有同事的面狠狠批评了一番。当梦琪道歉时，领导又说她没个正型，一点都不稳重。

梦琪觉得很郁闷，公司又不是军队，有必要这么上纲上线吗？大家像机器一样标准化执行，毫无感情地工作，就能让公司越来越好吗？

在新领导的带领下，部门的整体业绩确实提升了很多。但是梦琪现在觉得，这份工作除了能给她一份不错的收入之外，她一点成就感都没有。在每个季度的公司领导力考核中，梦琪给这位新领导的各项指标都打了满分，唯独在团队领导力和凝聚力这一项，给了不及格的分数。

梦琪认为，办公室一点烟火气都没有，单纯靠每个人的业绩和能力评先进，能让员工感到归属感和成就感吗？更何况，上班嘛，开心也是一天，不开心也是一天，为什么不能开开心心地上班呢？

一份好的工作，首先要让员工觉得有成就感；一个好的团队，首先要让员工觉得有归属感。没有人能保证一天每个小时都在聚精会神地工作，再有能力的人也需要喘息的时间。同事之间聊聊天，开开玩笑，有助于活跃办公室气氛，不仅能缓解疲劳，还能增强团队的凝聚力，一举两得的事情，有何不可呢？

其实，在工作中，我们常常会遇到这样的领导：你兢兢业业地工作，他觉得你太死板；你跟他“嬉皮笑脸”，他又觉你太不稳重。对于普通上班族来说，工作占据了生活的大部分时间，工作上的情绪，会直接影响生活的质量。

不仅工作如此，爱情也如此。幽默一点能化解恋人之间的矛盾，把争吵带来的伤害降到最低。

梦琪的男朋友阿威比梦琪大十岁，发际线有点后移，能看到年龄留下的痕迹了。梦琪第一次带阿威回家见父母的时候，梦琪爸爸开玩笑说：“阿威长得有点着急啊。”阿威并没有觉得难堪，而是笑笑说：“叔叔，梦琪一直说您想找个成熟一点女婿，看来我是超标了。”

同学聚会时，曾经梦琪追了很久都没追到的男生借着酒劲说："我当初不要的女生终于有人要了。"阿威听到这句话并没有生气，而是举起酒杯一饮而尽，感谢这位男生当初没有跟梦琪在一起，这才让自己有机会认识梦琪这么完美的女生。

梦琪说，虽然阿威现在还在还房贷，车也旧了。但是，和阿威在一起的日子，每天都很开心，天大的事儿，在阿威眼里都是微不足道的小事儿，再寡淡的生活都能让阿威过得有滋有味。

幽默，不仅仅是哈哈大笑、调侃开玩笑，而是一种生活智慧，一种乐观的生活态度。一个幽默、有趣的人，可以用轻松愉悦的方法和他人相处，化解尴尬，活跃气氛；一个幽默、有趣的领导，可以在轻松愉悦的氛围中，激发员工的创造力，让他们用更多的热情面对工作，高效完成任务。

在这个社会里，不管是工作还是生活，我们多多少少都会遇到挫折。当我们面对这一切时，与其懊恼生气，不如用幽默面对，一笑而过。当身边的朋友遇到难处、一筹莫展时，与其费劲口舌好言相劝，不如讲个笑话博人一乐。

人生苦短，苦恼也是一天，欢笑也是一天，我们应该学会把日子过得幽默一点，给平淡的岁月增添一些成就感。

你识趣别人才会觉得你有趣

当你向朋友寻求帮助时，犹豫了好久才开口，然而朋友提供的帮助只是杯水车薪，甚至根本没什么帮助时，你会怎么办？是转身就说朋友不仗义？还是心知肚明，找个台阶离开？

当你向亲戚推荐某件产品时，你觉得这件产品就像为他私人定制一样，但是亲戚却表示他根本不需要，你要怎么办？拿亲情绑架他，强行让他买下？还是到此为止，尊重对方的意愿，不强人所难？

当你对一个人产生了心动的感觉，非常喜欢对方。但是不管你怎么付出，对方就是不为所动，直截了当拒绝你时，你该怎么办？是死皮赖脸央求对方给你一个机会？还是就此别过，退到好朋友的位置？

在我们身边，经常会遇到这样的情况：有的人明明已经很优秀了，却得不到认可；有的人明明就很善良，却得不到别人的表扬。为什么会这样呢？

千秋刚参加工作时，因为刚毕业，缺乏工作经验，又是老板的朋友介绍来的，因此大家对她格外关照。

在职场，如果不是在非常重要的部门，大家最喜欢这样可塑性很强的新人，最反感的也是像这样白纸一样的新人。

千秋这张白纸是没有任何皱纹的白纸。因为她的工作本身没有什么难度，入职以后，千秋很快就熟悉了工作，和同事们相处的也很愉快。可是，试用期还没过，千秋却发现，虽然同事们表面上和她相处的很融洽，但是却没有人真心对她。

在一次公司的聚会上，千秋说自己酒精过敏，用酸奶代酒敬了领导一杯。可是后来大家转场 KTV 时，千秋玩得很开心，不自觉地就和同事阿凯一杯接一杯地喝起来。领导开玩笑问她，刚刚给自己敬酒时，为什么不喝酒，太不给他面子了。可是千秋却说："我可不是随便跟什么人都喝酒的。"领导的脸一下就拉下来了。

后来，千秋向领导敬酒，碰杯之后领导就干杯了。这时千秋又说："领导是前辈，我这种小辈敬酒，您当然应该干杯了，我就随意了。"

从 KTV 出来时，财务部门的姐姐已经去结账了，公司聚会公司买单。这时千秋又不乐意了，大家好言相劝，千秋还是自顾自地买单了。她说："我已经习惯了，我跟朋友出来都是我买单，反正我也不缺钱花。"

在这次聚会上，千秋打着向前辈学习的旗号，加了同事阿俊的微信，在工作上合作了几次过后，就喜欢上了阿俊。千秋一贯大胆，就向阿俊表白了，可是阿俊已经有女朋友了，就明确拒绝了千秋。

千秋觉得，只要阿俊还没跟女朋友结婚，自己就还有机会。她每天上班都给阿俊买咖啡，找各种借口增加她和阿俊一起工作的机会，这让阿俊十分苦恼。最后，迫于压力，阿俊选择辞职，彻底和千秋断绝一切联系。

千秋始终找不到原因，论长相，她比阿俊的女朋友长得更好看；家境就更不用说了，为什么阿俊会拒绝千秋呢？

在你的身边一定有这样的人，总觉得自己高人一等，因此认为自己做什么都理所应当。在人后议论别人，把别人的伤疤当成八卦的谈资；在反感的人面前，高调地表达自己的想法，并以此自豪；为人处世处处带刺，从来不顾及别人的感受，还以个性自居。总之，他觉得自己就是中心。

在感情中，我们可以很勇敢、很主动，但是千万不能用不恰当的方式表达自己的感情。你认为自己在掏心掏肺对对方好，可以借此赢得对方的真心。但是假如对方已经有了对象，你这样做只会把那个人越推越远。

在职场中也是一样，为人处世本身就有很多“套路”，每个人都想有个性、有话语权，可是你真的配得上吗？领导敬酒，你加以推辞，你给领导敬酒却强迫领导喝；给你个台阶下你不要，给你点阳光就灿烂，这就不是个性了，这叫做不识趣。

人生路漫长，你有理，不代表你一直有理。那些识趣的人，就算出了再大的洋相，别人也会给他个台阶下。识趣的人，会给彼此留点体面，让自己离开也很潇洒。

实际上，人与人之间的交往，不管亲疏远近，都有一个底线。别人给你敬酒，你可以推辞，但是不能故意推辞；别人找你聊天，你可以保持沉默，但是不要故意不搭理对方；谈恋爱时，你可以坚持自我，但是不要死皮赖脸；有了成就你可以庆祝，但是不能炫耀。

不管是生活还是感情，识趣的人会把事情做得越来越好，而无趣的人常常会让人觉得很扫兴。因此，只有当你识趣的时候，大家才会觉得你有趣。

活得有趣比活得优秀更有成就感

我们身边优秀的人层出不穷。比如，同样一个策划案，你需要三天做完，同事只需要一天，他比你优秀；同样是锻炼，人家可以一口气跑五公里不休息，你跑一公里就气喘吁吁，人家体格比你好；同样是上下班，你只能挤地铁，人家却能开车或者打车，他的生活比你有质量。

几年前，艺璇和曼文进入同一家公司实习，岗位是产品文案策划。

入职的第一周，上司给她们安排工作，让她们收集各个品牌的广告语，然后再精选 100 条符合自家产品的。曼文大学学的就是广告专业，工作做起来信手拈来。每天花上半天就能做完了，剩下半天，她就跟公司里的前辈学习新技能。

而艺璇是中文专业毕业的，对广告一点都不了解，只能用最死板的办法一点一点做，每天至少要花上五六个小时，有时候还要加班。当她看到很好的创意讲给曼文听时，曼文一点都不激动，因为这些老师在课堂上都讲过了。

三个月的实习期结束后，曼文和艺璇都顺利转正了。曼文因为专业对口，实习期间表现优异，转正后的职级比艺璇高一级。曼文做事非常有条理，效率也很高。比如早上九点半开始查找资料，十点半完成，十一点联系客户，下午三点和客户对接设计细节，等等。每一件事情都被她安排得井井有条。

半年以后，曼文的部门主管升职为副总，曼文就被破格提拔为部门主管。这也是公司有史以来最年轻、升职最快的主管。而艺璇却还在原来的岗位上默默奋斗。艺璇慢慢发现，曼文和她的话题越来越少了。约她一起去看电影、逛街、吃饭，曼文都没空，要么是在加班赶策划案，要么就是在和客户对接。总是，艺璇很少看到曼文休息。

又过了一年，艺璇因为个人规划的关系，辞职跳槽到一家新媒体公司，跟曼文的联系就越来越少了。偶尔出来见个面，就吃饭一个多小时的时间，曼文都在忙着回复邮件，两个人讲话不超过十分钟。

艺璇问曼文："你有必要这么拼命吗？"

曼文也很无奈，她说："我也没办法啊，在其位就要谋其事。现在信息变化这么快，我不努力一点，被后来人取代了怎么办？"曼文现在几乎没有自己的时间，她的时间除了拿来睡觉就是上班，连认识新朋友的时间都没有。

曼文说她其实很想放个假，但是一想到竞争对手正在挑灯夜战，她就一点都不累了，觉得自己还没有优秀到可以休息的程度。

难道工作的意义，就是让自己"优秀"得连休息的时间都没有吗？

也许你的策划案客户非常满意，但是你却不如别人通人情世故；也许你思维很活跃，但是你不如别人稳重；也许你工作能力很强，但是脾气却很冲动，同事都不喜欢你；也许你在职场上是叱咤风云的大人物，但是在家里，却连最基本的煮泡面都不会。世界上哪有完美的人呢？不会享受过程的人，即使有再大的成就，也体会不到快乐。

没过几个月曼文就辞职了。她说她现在精疲力尽，感觉生活既没有目标也没有成就感。说起工作，曼文说很羡慕艺璇。因为项目，艺璇可以和同事为了一个选题吵得不可开交，为了一次次破纪录的阅读量泪流满面。而她，早已对"吩咐""执行"

的工作状态感到麻木，丝毫没有任何热情。

我们小时候，常常被长辈教导“一定要成为人上人”。所以等我们长大，就不停地为了这个目标奋斗，我们的眼里变得只有结果。可是人生就这么短短几十年，如果你的眼里只有目的，因此错过沿途的风景不是很可惜吗？

谁不想成为一个优秀的人呢？只是相对于变优秀，我更享受在变得优秀的路上看到的美丽风景。

所有的名号、头衔和尊称，多半是别人的恭维，只是人际交往中的客套话。这些赋予你的只是一个没有灵魂的空壳，而真正让你变优秀的，恰恰是那些生活中的小温暖、小成就。如果你一直活在别人的标准里，你不会觉得自己的人生很无趣吗？与其如此，不如放下那些虚无的枷锁，做一回真正的自己吧。

一个优秀的人，不一定是一个有趣的人；但是一个有趣的人，一定一个优秀的人。对于我来说，活得有趣，真的比活得优秀更有成就感。

永远别放弃做个有趣的人

为了自己的爱情和理想，也为了逃离父母的束缚，子涵大学毕业就提着行囊去了上海。子涵和大学同学合租了一间小小的公寓，找了一份和专业完全不搭边的工作，拿着一份将就糊口的工资，每天挤地铁上下班，每逢节假日就宅在家里刷微博、打游戏。

对于大部分人来说,做事情都是三分钟热度,子涵也不例外。因为孑然一身，如果休息时间没有朋友约她，她一定会宅在家里一整天，看积累了一周没看的电视剧，清洗积累了一周没洗的衣服，饿了就叫外卖，困了倒头就睡。

但是大学时期的子涵跟现在恰恰相反。每天寝室里起得最早的就是子涵，她每天都要围着宿舍楼跑上好几圈，出一身汗然后回寝室冲个澡。然后对着镜子画一个精致的妆容，搭配一身自己满意的衣服，漂漂亮亮地去上课。不管有多忙，子涵都要去图书馆坐上一个小时，或是复习，或是找一本自己喜欢的小说，好好享受安静的时光。

大学毕业后，子涵去了上海，她的男朋友却因为父母的安排回了老家。分手后，子涵伤心了好久，把所有关于男朋友的东西都丢掉了。没了男朋友，子涵也从一个精致女孩变成了一个“糙汉子”，她再也没有晨跑过，只要不上班就绝不化妆，业余时间也不看书了……子涵说，她过去之所以会晨跑、看书、打扮自己是因为想让自己变得更好，配得上男朋友。现在和男朋友分手了，打扮了给谁看?

后来，在一次公司团建活动中，子涵和一个男同事很投缘，后来就在一起了，可是相处还没三个月就分手了。子涵问他为什么，他说觉得子涵太无趣了。比如，他看了一个好笑的段子讲给子涵听，子涵只是敷衍地笑笑；比如他特地选了一个很有情调的餐厅，子涵却从头到尾想吃烤串、小龙虾；比如两个人一起去看电影，他选了一部好笑的戏剧，子涵却从头到位都在抱怨笑点老套、没内涵……

子涵一直认为，她以后肯定不会再为任何一个人做出改变，但实际上，她好像已经忘了自己原本是什么样子。过去那个积极向上、乐观幽默的子涵，真的只是为了配得上前男友吗？失恋后那个邋遢无趣、懒惰无聊的子涵，真的就是她本来的样子吗？

我们每个人应该都有过这样的日子：为了一个不合适的人走错了路，弄丢了自己；因为一件微不足道的小事，自乱阵脚，浪费了大好时光。子涵突然明白，人可以不优秀，但是一定要有趣。

子涵决定改头换面、重新做人。她把书桌和梳妆台整理干净。她又换上活力满满的运动装，开始晨跑。突然，她发现这个城市原来这么有活力。她开始化妆，搭配好衣服再出门上班；她挺直腰板走路，发现身边的人都是这么意气风发；她开始安排自己的业余时间，去健身、去泡图书馆、去约朋友逛街吃饭，做出了这些改变，子涵发现自己的朋友越来越多了，也有中意的男孩子追求自己了。

生活不就是这样吗？如果你把门窗紧闭，阳光怎么会照进来呢？你应该打开心门，走到外面，接受阳光的滋润。如果你还没有遇到那个适合你的人，别着急，TA 一定还在赶来的路上。现在，我们要做的就是把自己培养成一个有趣的人。

不管是感情、工作还是生活，只要你始终对自己抱有希望，离了谁你都能过得很好。哪怕只是一个人，你也要提醒自己做个有趣的人。在床头放上一张喜欢的照片，在窗台上摆一盆绿植，伴随着音乐看一本书，品一杯咖啡，在商场买一件自己中意的衣服。

那个愿意和你在一起、陪伴你的人，不是怜悯你，也不是因为担心你一个人过得很悲惨，而是因为你很有趣，和你在一起的每一天都很精彩，他舍不得走。

不论何时，都别放弃自己，努力做一个有趣的人。

把生活过得热气腾腾，而不是死气沉沉

这样的情况你遇到过吗？已经和朋友们约定了时间，连餐厅都订好了，只是因为多看了一眼贴在冰箱上的减肥计划，就打消了聚餐的念头；好不容易等到周末，洗完了衣服洗完澡，往床上一躺准备好好睡个美容觉，却觉得大好周末就这么睡过去岂不是太可惜，于是拿起手机又是刷微博又是刷朋友圈，接着刷视频，结果凌晨三点才睡觉，明明是休息，结果弄得比上

班还累……

其实，世界上的大部分人的生活都是相似的。累的时候都想休息，饿的时候都想吃饭，无聊的时候都想找朋友陪伴。

但是却有一部分“清流”和大部分人不同，他们累的时候告诉自己不能休息，要继续奋斗，否则会被后浪拍在沙滩上；肚子饿的时候告诉自己不能吃，吃了就不能保持好身材了；无聊的时候告诉自己要珍惜独处的时光，这样才能变得越来越睿智……

在大学毕业一年后的同学聚会上，浩轩发现除了自己以外，其他的人都有一份安稳、体面的工作，听着同学们眉飞色舞地讲着上班时候的趣事儿，他觉得自己格格不入。

这次同学聚会结束以后，昏昏沉沉过了一年的浩轩回想起自己这一年内没有好好完成一件事：看书看到一半就莫名烦躁，经常失眠到凌晨两三点才睡，就连看个电影也会莫名其妙焦虑起来。他不想这么浑浑噩噩下去了，决定给自己做一个规划。

浩轩是中文专业毕业的，他规定自己每天看书 50 页，读到自己感触很深的句子就抄写下来，发到朋友圈或者微博；每个星期看一部电影，写一篇影评在公众号里推送；每天下楼在公园里锻炼一个小时；每半年来一次说走就走的旅行。

半年以后的浩轩，不再是双目无神、满脸都写着丧气、一脸愤世嫉俗的样子了，而变得阳光开朗，脸上时常挂着笑容，浑身上下都洋溢着积极向上的气息。他觉得，很多事情，如果一直沉迷在自己的小世界，是永远想不通的，只有打开自己的心门，多和外面的世界接触，才能给自己找到出路，体会到生活的成就感。

人类是有情绪的，如果一个人陷入某种负面情绪无法自拔，那么即使这个世界再美好，在他眼里也是灰暗的。

依彤虽然是应届毕业生，没有什么工作经验，但是工作认真，对于领导交代的事情，从来没有推辞过，而且都能独立完成，就算遇到了问题，也能及时向前辈求助解决。她的办公桌上总是很干净，工作材料和办公用品摆得整整齐齐。每天上午喝一杯咖啡提神，中午吃自己带的饭，除非有紧急工作必须完成，否则绝不加班。

总而言之，工作对她来说是一种享受，而不是受罪。

在生活中，依彤也是一个很有趣的女孩子。一次，她和朋友约好一起去郊游。她很早就出门了。可是天公不作美，出门还没多久就下雨了，朋友打电话来说不去了，但是依彤却风雨无阻去了原本约定目的地。她找到一个凉亭，把准备的吃的拿出来，一边听雨，一边吃着自己做的三明治。此刻四周俱静，她独自享受这一刻的安宁，好不惬意。

依彤的工资并不高，房子也是和朋友合租的。但是，只要依彤休息，就会把家里打扫得一尘不染，就连最难打扫的卫生间和厨房，也看不到一点污渍。她的卧室面积很小，但是颇有少女心的她，特地在网上淘来很多可爱的小物品装饰自己的房间。就算没有阳台，她也会在飘窗上摆上几盆可爱的多肉植物。

现实中，像依彤这样的有趣的人其实不是很多，因为大家都活得很累，工作压力让大家精疲力尽。有的人面上光鲜亮丽，其实家里一个星期都不收拾；有的人奖金拿很多，却连一顿便宜的大排档都不愿意请自己吃；有的人在讲策划案的时候口若悬河，但是回到家一句多余的话都不想说。

与其追求那些遥不可及的名利、欲望，不如把这些精力拿来充实自己，把日子过得热气腾腾，而不是死气沉沉。

没有爱好，你会无趣到没朋友

不久前，鑫悦在家人的催促下和一男士相亲。为了避免冷场尴尬，鑫悦主动询问男士工作之余有没有什么兴趣爱好，而男士却直言不讳地说没有，下班后只喜欢宅在家。

当时鑫悦就在心里给这位众人眼中“条件不错”的男士灭了灯。因为鑫悦知道，一个没有兴趣爱好的人，他的生活一定非常无趣。如果每天下班后与这样的人待在一起，估计连话都没有几句，更何况是共同语言？只怕自己也会慢慢变得干枯无趣。

后来，气氛很是尴尬，大部分时间双方都在沉默。男士要请鑫悦吃饭，鑫悦找了个理由拒绝了，这次相亲很快就结束了。经过这次相亲后，鑫悦对相亲有一种说不出的失望，在茫茫人海中，找一个趣味相投的人，是多么困难。她不知道自己还要尝试多少次失败，才能遇见对的那个人。

慕妍也相亲，但是她从不指望别人介绍，而是自己张罗，并总结了一套属于自己方法，最后在相亲中找到了自己的真爱。她认为最好的相亲方式是培养健康的兴趣爱好，在兴趣小组中寻找，而不是盲目地见许多无关紧要的人，浪费自己的时间和生命。

她非常喜欢骑行，于是就加入了一个骑行俱乐部，并在那里找到了自己的老公。因为两人都喜欢骑行，所以他们经常寻找一些有趣的路线，一起骑行，在走遍大街小巷的旅途中创造了许多的乐趣，两人的感情也因此越来越好。

慕妍的方法之所以会成功，是因为她是在现实生活中寻找真实，在潜移默化中参与彼此的生活。只有在基于共同兴趣的活动中，男女双方才能表现的更自然、更放松，而不会像在刻意安排的相亲中那样紧张、不安。

在这种“相亲”过程中，我们才能了解到人真实的一面，才能在互动中产生感情。男女双方只有拥有共同的爱好，将来才能更好地生活在一起，才能融入彼此的生活中，真正达到你中有我、我中有你的境界。哪怕最终相亲没有成功，也能认识很多朋友，丰富自己的人生。

俗话说：“物以类聚，人以群分。”这个“群”指的就是按兴趣爱好来分群。不管是爱人之间，还是朋友之间，共同的兴趣爱好可以使彼此间的认同感更高，这才是良好关系的基础。就连古人都明白，那些没有兴趣爱好的人，是不值得交往的。

明代文学家张岱说：“人无癖不可与交，以其无深情也。”他之所以不交没有兴趣爱好的朋友，是因为他认为没有兴趣爱好的人对每一件事都没有投入什么感情，也可以说没有兴趣爱好的人对周围的一切都是麻木的，没有人情味。

而同样生活在明代的文学家袁道宏，也对没有兴趣爱好的人没什么好感，他说：“余观世上语言无味、面目可憎之人，皆无癖之人耳！”

培养一个兴趣爱好多我们来说有百利而无一害。

图 4-1　培养兴趣爱好的好处

没有兴趣爱好，会无聊到没有朋友，而有兴趣爱好的人，则可以通过爱好作为引子，与对方惺惺相惜。这种感情甚至可以超越身份与阶层，最好的例子就是俞伯牙与钟子期互为佳音的故事。

兴趣爱好的培养绝不仅仅是为了相亲，而是为了让自己变成一个有趣的人，让自己变得更有成就感。一个有趣的人，他的生活也会有趣，这种趣味不仅可以缓解工作的枯燥，而且还能疏解生活的烦闷。

不得不说，这个世界上不是每个人都喜欢自己的工作，可以说，大部分人都是为了生计，做着自己不喜欢的工作。如果都为了爱好，放弃自己的工作，那么我们可能都要喝西北风了。

人生苦短，活在当下，而最好的活在当下的方法，就是在自己当前条件允许的情况下，尽可能地让自己活得更有趣、更快乐，这是理想主义与现实主义最好的结合。

有一位信奉现实主义哲学的学者，曾经为毕业生演讲的时候说过：“你找的工作不一定就是你学的专业，也不一定是你心里喜欢的，甚至会与你的性情格格不入。在这种情况下，工作就会变成了痛苦，更感觉不到欣喜和趣味了。为了生计而做那些不是自己喜欢的或者擅长的工作，就很难保持对知识和生活的兴趣了，所以最好的办法就是多发展一些工作之外的正当的、健康的兴趣与活动。”

当人们有了兴趣爱好，才会觉得工作和生活有了盼头。就算我们的工作是每天 8 小时都在擦桌子、拖地板，我们也不会感到烦闷，因为当这 8 小时过去之后，我们就可以去做自己喜欢的事，比如画画、唱歌、看书、园艺、遛狗，等等，做这些称心如意的事，才能让生活不再枯燥，让精神不再空虚。

没有兴趣爱好的人，哪怕他非常热爱自己的工作，也会在工作多年后产生职业倦态，一旦停止工作，生活就没有了依靠和寄托，会觉得生活变得没有意义，毫无成就感。

健康的生活状态是相对平衡的，如果生活的砝码偏向工作，那么工作就会占据我们更多的体力和精力，一旦工作不顺利，出现了纰漏，那么我们所有的期待都会落空，精神将再次变得空虚，甚至崩溃。

籽沫是一名自媒体的编辑，她非常热爱自己的工作，几乎所有的时间都在工作，可是她的工作却并不顺利。每次的稿件总是因为各种原因被拒，主编对她也颇有微词。她对自己的人生感到很失望,总觉得没有成就感,最近竟然有遁入空门的想法。如果她在工作之余能培养一些自己的兴趣爱好，那么就可以在工作受挫的时候，转移自己的注意力，让有趣的事情激发她对生活的热情。

兴趣爱好可以平衡我们的生活和工作，可以让我们感受到价值感和成就感。没有兴趣爱好的人，当他停止工作的时候，会突然找不到自己的价值，此时，他会努力地寻找存在感，甚至介入子女的生活，希望子女能对自己百依百顺，以此来获得存在感。

吕悦的妈妈是一位非常热爱工作的老师，退休后，她很不适应这种闲散的生活，也没有什么兴趣爱好，以至于内心的苦闷没有办法排解，于是她把自己所有的心思都放在了女儿身上，每天不是唠叨这就是唠叨那，不停地催婚，母女俩经常闹得很不愉快。

妈妈认为自己的良苦用心没有得到理解，整日以泪洗面；而女儿则认为自己的生活被母亲过多的干预了，这种情亲的绑架使她觉得窒息，所以采取了疏远、躲避的态度。

如果吕悦的妈妈能有自己的兴趣爱好，在退休后把精力分散在其他地方，那么不仅她的退休生活会多姿多彩，而且也不会影响母女之间的感情。

兴趣爱好的来源一定是发自内心的喜欢，不是他人的胁迫，更不是功利性行为。虽然兴趣爱好看上去没有什么实用的价值，但是如果我们能在兴趣爱好的领域内变成专家，那么就可以发挥爱好的神奇之处，甚至可以让它成为我们安身立命的另一种方式。

其实，中国许多知名的作家最开始并不是从事写作工作的，写作只是他们的爱好。比如，毕淑敏曾是医生，海岩是企业家出身，而明月则是一名海关公务人员……不难看出，兴趣爱好也有可能变成我们的饭碗，让我们充满成就感。

把自己的爱好做到极致，总归是有好处的，这一点不仅适用于名人，同样也适用于普通人。正所谓天道酬勤，只要我们拥有正当的、健康的兴趣爱好，还怕没有成就感吗？要不我们试试？时间会告诉我们答案。

得到的和想要的对不上又怎样

你是不是经常有这种感觉，明明自己已经拼尽全力了，结果却还是不满意。为什么我们那么努力，却还是得不到自己想要的？答案很简单：你努力是一回事儿，能不能得到又是另外一回事儿。

朋友文博觉得，我们拼搏，不只是为了得到胜利的掌声，而是为了在拼搏的过程中悟出更多人生的意义。文博的人生颇有传奇色彩，老天爷似乎特别“关照”他，不管他想要什么，老天爷一定不给他。

上小学的时候，他努力了很久才当上大队长，谁料第一天值日就不舒服，当着老师和同学的面，就在学校门口吐了，事后，学校再也没安排过这位“大队长”参加过任何大型活动。初中的时候，他努力了很久才成为优秀学生代表，在进行“国旗下的讲话”时，由于演讲内容过于“前卫”，被教导主任一顿狠批，以后学校评先进再也没有他了。

参加工作后，文博在一家外贸公司做业务员。领导无意间发现文博的文采还不错，硬是把他调到了策划部做文案工作。在策划部待了两年，正准备升职为策划部总监时，总公司又临时把他调到外地任新公司副经理。在新公司干了两年，因为经不住一位朋友的热情邀请，他辞职和这位朋友一起创业。

生活就是这样，总是会给你带去一系列惊吓，然后再回赠你惊喜。文博说，当他正在经历一段很难熬的时光时，也会自嘲，梦想值几个钱？当他经历过很多起伏之后，才明白奋斗的真正意义。并不是跑完马拉松全程才叫实现了目标，跑完半马也是人生新的里程碑；并不是成为千万富翁才叫实现人生价值，你的收入一年比一年多，口袋一年比一年鼓，这也是成功。

小时候，常常听长辈们说：“好好学习，长大考个名牌大学，当成功人士。”其实就算你没考上名牌大学，也不代表你就不成功。一个人是否有成就，不是靠学历来衡量的。

还有人说，你一定要做最优秀的那一个。可是什么是“最优秀”？有固定的标准吗？最优秀和第二优秀、第三优秀的差别在哪里？大部分情况下，你不是比别人差，你只是缺个机会而已。

小南就不喜欢和别人谈论梦想，她觉得梦想这件事说大了别人会笑她好高骛远，说小了别人会笑她胸无大志，反正怎么说都是错。

小南曾经特别喜欢一个男生 A，但是最后并没有和 A 在一起，反而是她那么苦心追求 A 的行为感动了 A 的好兄弟 B，最后小南和 B 终成眷属。

小南曾经嫌弃自己太胖了，为此她专门去健身房办了健身卡，游泳、跑步、跳操、打拳击，最后虽然没有瘦下来，但是却爱上了健身。

小南也曾以为自己不受欢迎，努力变成大家喜欢的人，为此她开始化妆、学习插花、学吉他。虽然现在还是有人不喜欢她，但是她已经不在乎了，因为她很享受现在有质感的生活。

小南说，以前的她是一个被梦想挟持的木偶，直到她放下梦想的执念，才发现就算自己当一条没有梦想的咸鱼，也很开心。

真正的爱情不是靠自己的卑微付出得来的，好身材不是靠虐自己得来的，好形象不是通过委屈自己得来的。当你不再纠结这些时，你会发现，原来自己已经收获了很多。

生活不一定会按照你规划的路线前进，梦想也不一定会如期实现。假如有一天，你发现自己想要的和已经得到的不对等，不用感到心慌，也不必感到失落，只要你努力了、付出了，生活一定会给你一个满意的答复。

没人陪伴就做自己的阳光

在奋斗的道路上，我们总会经历一些孤单的时光。也许是一个安静的夜晚，你躺在床上想着：为什么我努力了这么久还没人来给我鼓掌？就这样，在黑暗的房间连灯都不敢开，因为害怕看到自己失落的样子。

在追求真爱的过程中，总有一些难熬的时光，你非常想念TA，想给TA打电话、发微信，可是又怕吵到TA。甚至你干脆把手机放在离自己远远的地方，眼不见为净。

冯晓英非常喜欢吃甜品，她觉得日子已经过得很苦了，总要给自己的找点甜头。

她非常重视自己的形象，不管是上班，还是逛街、看电影、吃饭，她一定要把自己打扮得满意了才出门。

不同的天气，不同的心情，穿不同的衣服，用不同的香水。她觉得女生不打扮就出门，完全是对大好时光的浪费。

她有一个十分疼爱她的男朋友，比她大五岁。冯晓英加班到半夜饿得不行，他去给她买宵夜送到办公室；冯晓英休完年假回来的时候，不知道航班次的他，在机场苦苦等待三个小时；冯晓英跳槽去新公司面试，他比自己面试还紧张，在面试点楼下等她。

我相信，每一对真正爱着对方的恋人在说起恋爱中的细节的时候，都会有说不完的话。冯晓英也是一样。她希望和男朋友能一直这样甜蜜下去，可是一辈子这么长的时间，谁能保证明天和灾难哪个一个先来。

有一次，冯晓英在项目执行过程中疏忽了一个细节，导致客户非常不满意，取消了合作；她因此在公司例会上被领导狠狠地批评。她向男朋友吐槽完后，不堪重负的男朋友提出了分手。正在气头上的冯晓英想也没想就大声地吼道："那就分啊，你以为我不烦你吗！"

冯晓英是在大学社团联谊上认识的前男友。那时候她的前男友刚毕业，作为社团前辈来给活动捧场。当时他的状况不是很好，工资低，又遇到了公司恶意欠薪，冯晓英毫不犹豫地把自己生活费的一大部分借给了他。他抱着冯晓英，承诺一定要给她幸福。

冯晓英毕业的时候，男朋友被公司送到总公司进修学习。没办法，冯晓英只能靠自己的能力找房子、搬家，每天跟男朋友视频、聊天，仿佛男朋友根本没有离开她。

爱情最可怕的不是到最后两人的感情越来越淡，而是明明历尽千辛万苦走到一起，TA 却突然要只身远走。

分手后，冯晓英在家里来了个大扫除，她把所有和前男朋友的东西全部扔了，换了一个新的小区，买了一个颜色鲜艳的豆袋沙发放在小阳台上。旁边放了一张精致的小桌子。周末，坐在阳光充沛的阳台上，练练字、看看书、听听歌，日子过得好不悠闲。

失恋为什么会让人魂不守舍，甚至还有人殉情？是因为 TA 习惯了这个人，这个人一旦离开，TA 会无所适从。就像灵魂被带走了一样。冯晓英说，没有男朋友的日子，她也能过得很好。如果没有人陪伴，就自己把日子过得阳光一点。

不管是谁，都一定会遇到一个让你心心念念的人，因为这个人，我们觉得什么样的成功都不重要了，只需要这个人在身边。可是谁的成功没有经历过嘲讽和打压？谁的爱情没有经历过不被看好和争执呢？

不管是感情还是工作，我们都要经历一段难熬的等待。等客户通过的你方案，等爱人和你共进晚餐。如果客户迟迟不给你答复，爱人迟迟不赴约，你要怎么办？心灰意冷还是泰然自若？

生活就是这样，当你在凛冽的寒风中等公交车时，它就是不来；当你饥肠辘辘想饕餮一顿时，就是找不到餐馆。与其骂司机不会开车，不如拿出手机看看电子书、刷刷微博；与其骂这个地方怎么这么烂，连个吃饭的地方都没有，不如打开导航搜一搜最近的餐厅在哪里；与其埋怨老天爷不公平，为什么不给自己“分配”对象，不如乘此时机提高自己，吸引有缘人。

两个人有两个人的甜蜜，一个人也有一个人的满足。当我们经历失恋时，不用郁郁寡欢，不用把自己过成“外贸尾单”。我们应该像冯晓英的说的那样，不管是感情还是工作，如果暂时没有人陪伴，就自己把日子过得充满阳光。

第5章

没有坚持下去的理由，那就找一个重新开始的契机

岁月从不曾遗忘任何一个人，有的人初识时惊艳，却最终消失在时间洪流里，而有的人却在时光辗转中越来越美，历久弥香。

时间带走了青春，却增长了从容与智慧。

愿你有好运，如果没有，希望你在慈悲中学会坚强。

主动一点，别把爱情“作”没了

人们常说：在爱情面前男生就应该主动。如果这个男生一直都不主动，那么女生宁愿错过，都不要主动。在爱情的世界里，是否是谁先爱上，谁就输了。

下午上班的时候，小雅的朋友给她发了一条微信：“你说男人对容易到手的东西是不是都不会珍惜？”小雅的第一反应是：糟了，朋友分手了，而且是被男方甩了。她只好如实的回答道：“说实话，确实有一点。”

当我们还在上学的时候，买个小玩具会很随意，可如果我们想要买一个昂贵一点的大玩具，那么就要付出一点努力。当我们终于如愿以偿得到自己想要的玩具时，比起小玩具会更珍惜大玩具，因为大玩具得到的相对比较难。

许多人都说，男生天生喜欢挑战，在追求女生这件事上也是如此。如果一个女生用不了几天就追到手了，那么男生会觉得太容易，因此不会珍惜。

网上有不少女孩都在抱怨：“他追我的时候对我百依百顺，非常好，没多久我们就在一起了。可自从在一起后，他就像变了一个人，要么爱理不理，要么就是敷衍，为什么会这样？”这时众多的网友就会回答：“因为你太容易得手了呀！”

事实真的是这样吗？在爱情中，是否是谁先爱上，谁就输了？

经历了上一段感情后，乐蕊遇到了一个自己非常喜欢的男生，可最终两人却没有在一起。因为当时乐蕊和男生都刚刚结束一段恋情，她害怕他们之间只是因为孤单才需要彼此，害怕他们之间的喜欢不纯粹，害怕男方只是随便撩一下，更害怕主动后被男生瞧不起……正是因为她害怕的东西太多，她始终都没有主动出击，所以他们彼此错过了。

当乐蕊向朋友提起这段往事的时候，朋友说是她自己把爱情“作”没了。因为她害怕的想法太多，却从来没有想过男生可能是真喜欢她，喜欢她的一切，包括她的容貌、她的身材、她的笑容、她的声音、她的过去。

乐蕊对朋友的话是赞同的，她说：“回头想想，他好像是真的喜欢我，也是真的对我好，是我的犹豫不决让我失去了一段爱情。”

过了一段时间后，乐蕊对朋友说她又喜欢上了一个男生，这个男生不仅优秀，而且还对她特别好，最重要的是两人在生活上还有共同的兴趣爱好，就连三观都很一致，所有的一切都显得他们很般配。乐蕊说：“这一次，我不会再想这么多了，我要主动争取我的爱情，我不想又一次错过对的感情。”

在感情中，我们最害怕的是什么？是当我们好不容易放下矜持、打开心门，喜欢上一个人的时候，那个人早已离开。所以，当爱情出现时，不管是男孩还是女孩，都不要想太多，内心戏太足，有时候并不一定是好事，这会让我们错过对的人。

所以，在感情中，请做一个纯粹的人，做一个主动的人，这样我们的爱情才不会被自己作没了。这句话送给所有还没来得及回应的人。

有一句话说得好：你不主动，我也不主动，那么我们的关系就会渐行渐远。毕竟这个社会没有谁离开谁，只有谁不珍惜谁，转身以后，就是你我两个世界。

人这一生，有一个爱你、疼你、珍惜你的人足矣。万人追、万人宠，不如一人疼、一人宠，不是所有的人都会对你掏心掏肺，遇见了就是缘分，主动一点，爱情和成就感就属于你。

当人们面对爱情的时候，都会犹豫不决，不管我们看了多少书，听了多少故事，都过不去自己内心的坎。

子桉与女朋友因为一点小事吵架了。这段感情一直以来都是子桉在主动，可是这一次，他有些生气了，赌气地想：“哼，每次都是我主动认错，这次我偏不主动，看你会不会主动联系我？”

可是一天过去，一个星期过去，一个月过去了，两人都没有主动与对方联系。如果说最开始的时候是因为赌气，怕认输而没有主动联系，那么后来则是因为不知道该如何说出口，就这样两人的爱情无疾而终。直到多年以后，他们才从朋友的口中，明白了对方的心意，可是为时已晚，爱情被他们“作”没了。

爱，应该是两个各自走着的人，慢慢地走向同一条道路，而不是走着自己的路，期待着对方与你同行，更不是放弃自己要走的路，奔向对方的路。

人生很短暂，青春更短暂，要主动去爱，去拥抱爱情，才能获得你想要的爱情与成就感。

对自己说一声早安

在繁杂的世界中，许多人都在说着违背内心的话，做着违背内心的事。我们有多长时间没有真诚地笑过？我们有多长时间没有痛痛快快地哭一场？我们有多长时间没有想睡就睡、想玩就玩、想干什么就干什么？

小时候，只要我们喜欢玩伴，就会把零食分给他：如果不喜欢，就可以说我不跟你玩了；现在，我们即使是喜欢一个人，也不敢随意靠近，就算是遇到再不喜欢的人，也不能变了脸就走。

有时候，就连自己都有在怀疑，我们是否具有双重人格，一种是自己想要变成的模样，一种是现在的自己。

小舒刚刚上初中的时候，在一次体育课上，例假把裤子染红了，因此被同学们取笑了整整三年。在那三年里，不管小舒怎样讨好同学，学习成绩多么优秀，同学们依旧用异样的眼光看她。

高中时，有一个社会青年喜欢上了小舒，每天在学校门口守着她、等着她。在那三年里，不管小舒怎样向同学解释，都没有一个同学认为她是“清白”的，更没有一个男生敢靠近她，哪怕她身穿校服，温婉善良，同学们依旧觉得她装清纯，认为她是一个不折不扣的“小太妹”。

读大学了，小舒终于摆脱了同学们异样的眼光，她勤奋努力、积极向上，参加各种社团活动，成为了一名她理想中品学兼优的好学生。

工作后的小舒终于变成了自己理想中的模样，成为了一个好员工、好领导、女强人。在她的字典里，从来没有“不会”“没办法”“不行”，只有“如何完成”“想办法”“一定行”。

她的朋友圈写着这样一段话：“过去的不努力，构成了现在的你；现在的不努力，终会造就明天的你。”朋友圈里的她或登上山峰，在云雾缭绕的九宫格图片上配上“你认为这个世界还不够美，只是因为你站得还不够高”；或参加各种讲座、培训，与各种大咖的合影，并配上“努力学习和前进的你，才有资格与优秀的人为伍”。

不管是加班、聚会还是看电影，不管是晨跑还是健身房，她的朋友圈里永远都是美好而向上的:“人永远都在不断地前行，你可以减速，但不能停止，否则就会摔倒。”“指引我们前进的不是嘴巴，而是我们的手和脚，以及你的格局。”

相信每个人的朋友圈中，都会几个这样的人，他们阳光、充满正能量，总是把自己最美好的一面和积极的人生态度展现在我们面前，给予我们信心和动力。

可就是这样的小舒，也觉得自己没有成就感，她原本以为变成了自己理想中的样子就会有满满的成就感。可是她发现，当所有的理想都实现的时候，她却把自己弄丢了。

其实，我们穿什么牌子的衣服和鞋子，用什么牌子的口红和护肤品，上下班是打的还是坐公交，又有多少人在乎？在我们的微信中，能有几个朋友是可以不分昼夜随时聊天的？

加班熬的黑眼圈，用厚厚的粉底掩饰、被磨破了皮的脚后跟，创可贴一层一层的贴。我们身穿职业装，脚踩高跟鞋，脸上精致的妆容一个不落，我们习惯了忙碌，却忘记喝一杯茶、一杯咖啡，对自己说一句“辛苦了”。

现实中的我们大多数都是这样生活的，不管我们是活成了理想中的自己，还是变成了别人眼中优秀的白领，这一切看起来都是给世界一个美好的交代，给自己一个看起来恰到好处的安排。在平凡中找不平凡的自己，从平凡的生活中寻找成就感。

所谓的真实生活，它只不过是我们的心情投射在生活中的影子而已。当我们难过的时候，雨滴是缠绵的；当我们开心的时候，雨滴是快乐。当我们爱一个人的时候，那个人就是上帝派来的天使；当我们恨一个人的时候，那个人就是撒旦派来的魔鬼。

当我们在生活和工作中遇到困难和挫折时，不要气馁，要微笑地面对生活，对自己说一声早安。相信这样的自己才是心中那个想要成为的自己，才是真正的自己。

你没那么多观众，不用活得那么累

相信你也有过这样的经历，第一次去 KTV 的时候紧张到不行，好不容易等到自己的点的歌时，因为太紧张，开口的第一句就破音了。你觉得超级尴尬，认为会被同伴嘲笑，可实际上，在场的人好像都没有注意到你的难堪，也没有人注意到是谁在唱歌，唱得究竟好不好。

第一次离开家乡出远门，各种担心，在旅途中会不会有人和你聊天，会不会有话题；在陌生的大城市，你怕不会乘坐地铁；在新入职的公司，你怕同事们嘲笑你地方口音太重。

其实，你哪有那么多的观众，与陌生人聊天时，根本没有人在乎你讲的是什么；乘坐地铁的时候，根本没有人关注你是否坐反方向；在公司里，根本没有人在乎你的普通话是否乡音很重。

第一次去参加朋友的婚礼，你把衣柜里的衣服翻了个遍，纠结到底穿哪一件会更合适、更漂亮，最后还特意去买了一件漂亮的小礼服。到了婚礼现场后，你处处小心谨慎，怕自己闹出笑话。事后你询问朋友那天自己有没有不合礼的地方，结果才发现，原来根本没有人发现你当天穿了什么衣服，做了什么事。

小瑜是一名自由撰稿人，在开微信公众号之前，她向有经验的朋友咨询了很久。她询问朋友头像用什么样的更合适，内容发什么样的更吸引人，什么时候发布关注的人更多，文章里的配图、色彩怎样搭配才不会喧宾夺主，粉丝留言要如何回答才更显重视……

因为她觉得她的公众号要展现她优秀、完美的一面，所以她在乎这些名字、头像、图片、配乐，等等，希望所有的东西都能尽善尽美。公众号开通以后，她每天都按时推送，她经常问朋友她写得东西好不好，会不会有人喜欢，让朋友给一些意见。

大概一个月后，小瑜给朋友发微信，说自己不想再继续写公众号了。朋友问她为什么，她说自己的文章每天转载量不多，阅读量从未破百，这让她没有激情，觉得大家好像不喜欢她的文字。

朋友安慰她说，万事开头难，所有的事都贵在坚持，要相信是金子总会发光。

小瑜的公众号停更了半个多月后，突然有一天又恢复了更新，但是这一次与上一次有些不同，她不再是每天更新，而是一个星期只推送一到两篇精品文章，而且文章的风格和内容也与之前有很大的区别。

小瑜对朋友说，她现在写公众号很开心，因为她终于明白自己没有那么多观众，也明白了自己的初衷，不用活得那么操心了。

她觉得过去的自己太操心，总是担心文章不够好，内容长了怕读者没有耐心看下去，措辞太犀利怕读者产生抵触情绪，插图太多怕影响文字的表达，推送太晚怕打扰读者休息……可实际上呢？她所考虑的问题并没有多少读者在乎，就连真正关注她的人都不多。刚开始的时候，她非常有激情，可没多久她就出现了疲惫的感觉，每天雷打不动的推送也变成了她的负担。

其实，我们不难发现，那些在生活中原本很单纯的兴趣爱好，往往因为我们太想获得人们更多的关注和反馈，而变得复杂，兴趣爱好也就变成了束缚。

小瑜说她现在很开心，公众号的选题她不再纠结，内容也是自己喜欢的东西，就连图片也是自己拍摄的，她不再在乎别人的看法。

小瑜的公众号经营了半年后，积累了一些趣味相投的读者。

现在的她很满意这种状态，不仅开心，而且也很有成就感，因为她明白自己并没有那么多观众，遵从自己的内心就好。

我们绝大多数的人都在平凡的岗位上，做着平凡的工作，在平凡的家庭里，过着平凡的生活。我们的圈子不大，对外的窗口也不大，我们所说的话、所做的事并不能引起太多人的关注，就算这样又如何？我们依旧可以开心、快乐地生活，没有必要生活得那么急，毕竟，我们没有那么多观众。

放心低头，皇冠不会掉

小琴拉着朋友秋月的手说：“秋月，我真的好想大哭一场。”

秋月认识小琴已经六年了，这一次秋月来北京出差，没想到小琴对秋月说的第一句话竟然是她很想哭。

六年前，大专毕业的小琴孤身一人来到北京后，成为了秋月的合租邻居。她们租的房子很小，但两个女生住也足够了。

因为两人上下班的时间不一样，所以彼此不算太熟，偶尔碰上了就说几句话。

小琴来北京的第一份工作，是站在马路边给行人派发传单，每天只有几十元。后来，她找了一个销售的工作，主要是电话营销，工资是底薪加提成，但是最多的时候，一个月也没有超过两千。虽然工作很辛苦，生活很拮据，但小琴的脸上始终都挂着笑容。

有一次，秋月好奇地问小琴："你为什么会来北京？为什么你每天都能笑得那么开心？"

小琴说："来北京是为了追逐我的梦想，我所有的努力都朝着梦想而前进，这就是值得高兴的事！"

是啊，现在说的最多的一个词就是"梦想"，不管是在生活中还是在各种选秀节目上，人们最常问的问题就是："你的梦想是什么？"

秋月在心里问自己，从最开始来北京时的壮志凌云，到后来的壮志未酬，再到现在的得过且过，梦想还在吗？时间确实是最好的刽子手，它的技艺比庖丁还要高出许多倍，在它的屠刀下，我们的生活只留下了血淋淋的现实。

可是小琴和其他的人不一样，她对自己的人生有详细的规划，甚至详细到什么时候找什么样的工作，什么时候升到什么职位。小琴说她之所以来北京的第一份工作是发传单，是因为她想锻炼自己的承受能力，要让自己拥有被嫌弃、被辱骂后依旧能淡定自如的心态。而做销售客服，是因为她想提高自己的表达能力和洞察能力，要让自己能在最短时间内，了解客户的真正需求。

就算是工作之余，小琴也忙着报各种培训班，虽然都是免费试听的课程。在她的房间里，贴满了各种激励自己的口号，电脑桌上摆满了经济、销售、人力资源、心理等方面的书籍。

小琴连续半年销售业绩都是公司的冠军，正当领导要提拔她为销售经理的时候，却被嫉妒她的同事诬陷，不仅没有成功升职加薪，还丢了工作。

因为打击太大，小琴把自己关在房间里，整整三天都没有出门，就连窗帘都没有打开。在这几天里，秋月和她说了很多话，最后建议她趁这个时间段，出去散散心。

可是小琴并没有接受秋月的建议，一个星期后，她重振精神，画了一个美美的妆，面试去了。秋月问小琴："你这么拼命是为了什么？"

小琴笑着说："我不低头，因为皇冠会掉；我也不会哭泣，因为别人会笑！"

小琴出身在农村，父母都是老实巴交的农民，因为家里没有钱，她只念了大专。她用奖学金和兼职的钱读完了大学三年。毕业后，父母让她回来找一份稳定的工作，她一声不吭带着仅有的几千块钱，来到了北京，从此加入了北漂大军。

秋月说："其实你不用这么拼命，不一定要做给谁看。"

小琴摇了摇头说：“我不是要做给谁看，我是要做给我自己看，我可以笨，但是我不能以笨为借口过着平凡的生活。如果是这样，当初还不如听从父母的安排，高中毕业了就出来打工。”

换了工作的小琴更忙了，几乎每天都加班到深夜，一个月有三分之二的时间都在出差，后来她们见面的次数越来越少了。

现在的小琴早已成为了某公司的销售总监，年薪 30 万元，但是依然单身，依旧没日没夜地加班、出差。

而秋月早已离开北京，回到家乡，每次秋月到北京出差约小琴吃饭时，小琴要么没有时间，要么就是在外地出差，就算按时赴约，也一直在忙着接业务电话。

直到有一天，她对秋月说：“秋月，我真的好想大哭一场，我累了，为了梦想按部就班的生活和工作，我真的很累，这样的生活没有成就感，我很迷茫。”

小琴累到不知道什么时候自己才能谈一场理想中的恋爱，累到不知道什么时候才能来一场说走就走的旅行。有些想法，一旦错过，就成了摆在橱窗里的奢侈品。有人说，专注的人最有魅力，可是，一旦专注，你将错过许多美丽。

我们鼓励每个人都要拥有自己的梦想，但是我们不赞同为了梦想而拒绝爱和哭泣。如果你累了，不妨停下你的脚步，不要总是害怕别人会超越你，停下了是为了养足精神，更好地超越别人。

如果你觉得委屈了、伤心了，不妨放声大哭一场，不要总害怕别人的嘲笑，等你擦干眼泪，你会发现世界依旧很清晰。当你需要低头的时候，不妨低下骄傲的头颅，不要总担心皇冠会掉，有时候，低头也是为了更好地抬头。

放心低头，皇冠不会掉，人生不必要那么痛苦，如果你不幸福，抬头又有何意？

我选择，我愿意

当我们为了事业，三十岁还没有结婚时，亲戚朋友们就会说我们不孝；当我们为了结婚，耽误了事业时，他们又会说我们目光短浅；当我们每天坚持锻炼，可体重却并没有减轻多少时，别人会说我们是瞎折腾；当我们义无反顾爱了一个人三五年，却没有任何结果时，别人会笑我们……

小乔今年真的是流年不利，她在公司兢兢业业干了四年，眼看着公司发展壮大，可没想到，公司说倒闭就倒闭了；相爱了三年的男朋友，眼看着即将步入婚姻的殿堂，可没想到，说变心就变心了。生活就是如此，总是朝着我们意想不到的方向发展。

两年前，就有朋友劝小乔换一份工作，说小乔公司的老板就是没钱忽悠员工，一个人干三个人的活不说，还动不动就加班，让她换一个工资高、有前途的工作，免得耽误时间。可她不同意，朋友们都不明白她死心塌地卖命的工作是图什么？

小乔说，她不图什么，既不图钱也不图名，就图高兴。她喜欢一群有激情的人为了一个方案、一个设计全力以赴的感觉，喜欢一群人不论身份、不分彼此，就为了公司更好的发展。

其实，除了工作外，朋友们对小乔的爱情也很有看法。

小乔毕业于名牌大学，家境优渥，而他的男朋友则是从小父母离异，学历也不如小乔。但就是这样，小乔也爱得死去活来，愿意为了他放弃一切。小乔的家人、朋友都怀疑小乔被洗脑了。凭小乔的条件，都能甩她男朋友好几条街，不明白她图这个男人什么？

生活就是这样，如此简单、纯粹，不是所有的事情都要图个什么？有些人喜欢音乐，即使他们在音乐棚里吃着简单的盒饭，也觉得有滋有味；有些人喜欢表演，即使他们在剧组打杂，也乐此不疲；有些人喜欢看书，即使他们在图书馆当管理员，也觉得干劲十足……

为自己喜欢的人和事投入关注，生活才会充满生气，才会有滋有味，成就感也会油然而生。至于最后究竟会不会成功，也就不那么重要了。

在爱情里也是如此，没有那么多为什么，哪怕衣衫褴褛、一贫如洗又怎样？就算风度翩翩，富可敌国又如何？这些都抵不过一句：“不要怕，有我在。”

的确，在人们看来，小乔确实挺倒霉的，但是她自己却从来没有后悔过，她认为只要经历过了，结果如何不重要。

其实，现实中的我们又何尝不是如此？当我们好不容易找到一份高薪的工作时，别人说是招我们的公司没眼光；当我们的工作待遇不好时，别人又说是我们自己没眼光；当我们与一个非常优秀的人谈恋爱时，别人说是我们的恋人没眼光；当我们与一个处处不如自己的人谈恋爱时，别人又说是我们没眼光。可是不管是工作，还是爱情，难道开心不是最重要的吗？

假如有一天，你身边有人苦口婆心地对你说：“你的工作没有前途，早些跳槽吧！”“你选爱人的眼光也太差了，早点分手吧！”你应该理直气壮地对他们说：“我选择，我愿意！”

低质量的恋爱，不如高质量的单身

有些人喜欢恋爱的感觉，哪怕这份爱情很糟糕，也绝不放弃；而有些人则喜欢单身的感觉，即使寂寞也美丽。

婧慈大学期间谈过一次恋爱。初恋的她，没有什么经验，整个人都懵懵懂懂的，不知道爱情到底是什么，也不知道该如何对待，整个恋爱过程从开始到结束都是浑浑噩噩的。

分手后的婧慈也反省了很多，后来她觉得也许学生时代的爱情就是这样的，总有些梦幻和不切实际。她在心里告诉自己，等将来再遇到爱情的时候，一定要好好对待，也许会美好一些。

婧慈的第二个恋人是同事介绍的，是一个热情、主动的男孩，我们暂且叫他李先生吧。第一次见面的时候，李先生就自告奋勇地为婧慈提包，为她打伞，吃饭的时候很主动地帮婧慈夹菜，这些都让她很感动。

第二次见面，两人相处得很愉悦。婧慈把自己最好的一面展现在李先生的面前，生怕自己给对方留下了不好的印象。而李先生还是像开始时一样，热情、主动、周到，对婧慈也非常好。

后来几次见面下来，双方感觉都很不错，同事也意识到时机成熟了，于是再次出面撮合他们。李先生趁机表白，婧慈也就顺水推舟地答应了。

虽然，婧慈也谈过一次恋爱，但这一次，她还是有些不知所措。也许是太想经营好这段感情了，她把自己能想到的，以及听到的、看到的与有关爱情的方方面面都罗列出来，然后一一地去做。

李先生对婧慈很满意，说从来没有遇到过这么完美的女孩，并承诺会一辈子陪在她的身边。看到自己的付出得到了男朋友的肯定，婧慈别提有多高兴了，更加努力地对男朋友好。

但是后来，婧慈总觉得李先生有什么事瞒着她，虽然李先生还是一如以往的像刚开始那样对她好。但婧慈总觉得哪里不对劲，感觉怪怪的，这也许就是女人的第六感。

刚开始的时候，婧慈认为是自己想多了，后来发现李先生对自己的手机很紧张，看手机的时候越来越长了，不管到哪里都会把手机随身携带。于是婧慈认定自己的想法没错，李先生确实有事。婧慈不想逼迫李先生把手机给自己看，因为那样只会让事情变得更糟糕。

有一天，公司派婧慈到外地出差两天。婧慈告诉李先生要去一个星期，因为她想提前回来看看自己的猜测是不是对的。

当她出差托着行李箱回到家的时候，发现家里还有另外一个女人。她的出现吓坏了李先生，因为李先生从来没有想过婧慈会用这一招。

那个女人看到婧慈回来后，就灰溜溜地离开了。还没等婧慈开口，李先生就急忙解释说，只是一个普通的朋友，不是她想的那样。

婧慈问："我想的是哪样？"

李先生苦笑道："反正不是你想的那样，就是一个普通的朋友。"

婧慈也不傻，她不想再说什么。李先生一直在解释，结果越描越黑。婧慈说："如果你想证明你们只是清白的，就把手机给我看看。”

李先生当然不同意，他一口咬定自己和那个女人没什么。

婧慈说：“如果你不给我看手机，我们就分手吧！”

李先生听到婧慈说分手，急了，这才把手机解锁后递给她。结果不言而喻，手机里面有大量的证据表明，他们根本不是朋友，而是情人的关系。

李先生知道自己的谎言被戳破了，于是拼命地向婧慈道歉，让她原谅自己。

婧慈已经不再相信他的花言巧语，提出分手。

李先生知道事态严重了，跪下来，求婧慈不要离开他，再给他一个机会，绝对不会有下一次了。

后来，婧慈还是选择了留下来，但在她的心里，原谅不了李先生，心中种下了一根刺。从那以后，婧慈变得更敏感了，但凡李先生有一点不对劲，她都能发现。

最终，他们还是分手了，因为李先生还在偷偷地与那个女人来往，并没有珍惜婧慈给他的机会。

他们分手的时候，婧慈对李先生说：“如果你不能给我百分百的爱，那么就一分都不要给！我不愿意与其他的人分享我的爱情。如果是我的，请全部给我，如果不是我的，请离我远点，朝三暮四的爱情，不如单身来得自在。”

结果，李先生又和上次一样，道歉加下跪，双管齐下，但是这一次，婧慈没有再心软，因为她明白低质量的恋爱，不如高质量的单身。

经过这一次之后，婧慈也意识到，遇到渣男的爱情，即使投入得再多，质量也不会高。

故事中的女孩说的非常好，如果我们都能对爱情理解到这个程度，那么在爱情中我们就不至于为爱昏了头。在爱情里，人人都有占有欲，没有人能大方的把自己的爱情拿出来与人共享。

你总有一天会明白：低质量的恋爱，不如高质量的单身！如果你真的意识到了，就不要盲目地去恋爱，当真正的爱情还没有降临时，请不要着急，好好地对自己，就算是一个“单身狗”又怎样？照样可以把生活过得有滋有味，照样可以在别样的生活中体会到成就感。

我们要坚持自己的爱情原则，不要轻易受到环境和他人的影响。我们要做好自己，坚持自己该坚持的原则：爱情来了，好好恋爱；在爱情没来时，让自己的单身时光变得更有质量，让自己的生活充满成就感。

我没那么大度，别老劝我糊涂

上个月，S小姐终于提交了辞职报告，对于S小姐的离职，顶头上司刘琛没有挽留、没有谈心，更没有询问工作的交接情况，而是非常爽快地在离职申请书上签下了“同意”二字。

原因无他，只是因为刘琛带过这么多实习生，没见过像S小姐这样的应届生，他巴不得S小姐早点辞职走人。

其他部门领导和同事都说：“也就是一个实习生而已，不用这样，好歹也共事一场，在这个行业难免抬头不见低头见的，何必闹得这么不愉快。”

刘琛却说：“我没那么大度，别老劝我糊涂！”

其实，S小姐刚来公司的时候，刘琛看S小姐能力出众，还特意带她跑过市场，准备重点培养她。因为刘琛负责的部门人数挺多，他没有精力对她特殊照顾，于是交代底下的组长要好好培养。

谁知，一个月后的工作汇报上，刘琛发现S小姐的评分极低。后来，小组长才反映说，因为S小姐的工作能力太强了，所以每次安排任务时，都像在求她办事一样，只要是她不喜欢的，绝不碰，做事拖拖拉拉。碰到不懂的，连资料都不查，直接不做，还说不想把时间都浪费在这样的小事上。

后来，刘琛也给S小姐换过好几个小组，可每次她最多只能待一个月，而且每个月的工作总结，内容都毫无创新和亮点。刘琛把所有小组长都叫过来询问S小姐的工作情况，结果所有人的回答出奇地一致："S小姐能力太强，我们使唤不动。"

更离谱的是，S小姐还还曾经给一个小组长发过这样一条微信："我是研究生，你只是大专，学历我比你高，能力我比你强，之所以你现在能指挥我，不过是你比多过干几年而已，没什么了不起的……"把小组长气得够呛。

而S小姐拒绝接受任务的理由非常简单，分配的任务，不是她喜欢的，不能发挥她最大的优势，最关键的是她觉得小组长的能力与职位不符，她不服。

半年后，因为S小姐的工作考核实在是不达标，而且有很多次被行政发现她在工作时间玩手机、做私事。因此，公司决定只给她发基本工资，所有的绩效和奖金全部停发。

S小姐知道后，先后到财务部和人事部大闹了一场，最后非常蛮横地告知公司："你们这样做是违反劳动法的，如果你们不把克扣的工资补发给我，我就去申请劳动仲裁。"

很快，这件事闹得很大，公司高层要求刘琛一定要好好处理，以免事态扩大。

S小姐对刘琛说："我希望公司能给我一个说法，否则我就要走司法程序！"

刘琛看到S小姐的态度后，冷冷地说："你的合同中并没有明确说明工资的多少，但是里面有一条明确明确说了，如果工作考核和考勤不合格的，公司有权扣除你的绩效、奖金……走司法程序，公司没问题，但是你要考虑清楚，不管谁输谁赢，你在这个行业肯定是混不下去了。以目前的情况来说，公司你是待不下去了，给你一个月的时间走人。不走也可以，我们看谁耗得起，工资方面你就不要多想了，多一分都没有。”

后来，那个被 S 小姐的微信气得不行的小组长还说刘琛是不是有些太过了，一个刚毕业的小姑娘而已，不至于。

刘琛说：“我不觉得有什么过分的。人和人之间确实是要讲情面的，但是如果对方不讲，那么我就没有必要讲。虽然我不是小人，但对君子我也没有什么兴趣，你们都不要劝我了，我没有那么大度。”

有些人就是这样，刚入职场，却总认为自己能力超群，认为公司没有尊重你的能力，让你发挥自己的优势，还一言不合就鄙视上级，认为别人都是傻瓜。可是一旦出了问题，就以自己年轻、刚入职为借口推卸责任，认为是领导小肚鸡肠，不应该这样计较。

我的朋友俊谦讲述了自己年初遇到的一个非常蛮横无理的甲方杨先生的事情。

年初的时候，他们公司接了一个项目，小几百万，这个项目从年初做到了年尾。刚开始的时候，在甲方的要求下，连着半个月都在开一些毫无意义的虚会，而且动不动就为了项目的事加班。项目之所以做了将近一年，是因为在项目后期，甲方杨先生经常反复无常，哪怕是头一天晚上商定的事，第二天一大早就要反悔。

因为俊谦手里的项目还比较多，没有办法一直耗在这个项目上，所以就让自己的助理小夏接手后面的事宜。但杨先生隔三差五地变动方案，致使项目进度缓慢，还总是训斥小夏，说她太笨，没有一点能力，有一次竟然当场把小夏训哭了。当天小夏就给俊谦打电话说自己要辞职，俊谦好说歹说才安抚下来。

后来,公司又换了好几个人去对接,没有一个让杨先生满意。

在项目快要结束时，杨先生竟然说俊谦答应给他的几万块钱没有没有到位。俊谦终于忍不住了，与杨先生大吵了一架。

有同事说，毕竟是合作关系，不至于要闹得这样僵!

俊谦说："合作归合作，但是杨先生人品太差，总是向公司告黑状说我没能力，这就算了；把好几个同事都骂哭了，这也算了；可拿了钱还一副不认账的样子，我实在是忍不了了。"

俊谦认为，合作并不意味着甲方就可以为所欲为，这样的甲方，他无法忍受，他可没那么大度，要他假装糊涂，他可办不到。

有些甲方就是这样，蛮横无礼，明明自己连发个朋友圈都错字连篇，却总要指点你文案应该怎样写，觉得自己花了钱了，自己就是上帝；明明是自己的错误，却翻脸就不认，还把责任推卸给别人，动不动骂人，说你没能力、没脑子，有些甚至还会人身攻击。

不管是在生活中，还是在工作中，相信大家都听过这样的话：“难得糊涂。”“忍一时风平浪静，退一步海阔天空。”

从小，父母就教导我们，要大方一点，不要太小气，不要随便生气。哪怕心爱的玩具被别人弄坏了，最爱看的书被同学弄丢了，同事抄袭了我们的创意，也总有人对我们说：“要大度一点，不要太斤斤计较了。”

因此，当我们碰到不懂事的人时，总是包容；当我们碰到伤害我们的人时，总是忍让。好像我们就应该要当个老好人，当个糊涂蛋，总是不停地安慰自己“善恶有报，时候未到”。

可是，我们凭什么要这样？又凭什么要委屈自己呢？难得糊涂，重点不应该在糊涂上，而应该在难得上。我们可以在细枝末节上糊涂，但是在关键问题上，我们不可以糊涂。

人生只有一次，我们要在有限的生活中，活出自己想要的生活，找到人生的成就感，遇到关键事情，要对别人说：“我没那么大度，别老劝我糊涂。”

频频回头的人，注定走不了远路

每个人的精力都是有限的，就连爱情也是有期限的。当我们的心里住着一个人的时候，其他的人将很难再走进我们的内心；当我们的心里想着一件事的时候，其他的事将很难被我们看见。

不仅爱情如此，生活也是如此。如果一个人总是“想当年”，那么就说明这个人对现在的生活很不自信；如果一个人总是频频回头，那么这个人注定走不了远路。

小玲一直对她的前任念念不忘。她的前任在她最困难的时候，给予她很多的帮助，可是她的前任也在她准备下嫁的时候，与她提出了分手。尽管如此，小玲也时时刻刻想着前任，幻想着前任会回来找她。

每次和朋友一起逛街的时候，小玲总是不由自主地走进男鞋专柜，找到一双棕色的皮鞋，然后拍照发一条朋友圈：“看来看去，我还是喜欢这个颜色的鞋子。”

每次和同事一起吃火锅的时候，小玲总是向服务员要一杯白开水，把红艳艳的菜放在杯子里涮一涮，然后拍照发一条朋友圈：“人生有时候不需要这么火辣。”

每次和好朋友一起旅游的时候，小玲总是自拍一组九宫格的照片，然后发一条朋友圈：“一个人的狂欢，终究没有一群人的旅行来得热闹。”

她的朋友圈是发给前任看的，朋友圈里的每一条消息她都格外留心，生怕错过前任的来访。有时候，她会在深夜给前任发晚安的信息，然后一直等，等前任回信息，可是，等了很久都没有等到她想要的回话。

好像每一个放不下前任的人，都会固执地认为对方一定会回来，因为曾经彼此那么相爱。总是在心中幻想，再坚持一个月、半年、一年，他就会被自己感动，回到自己的身边。于是，你的生活都是围绕着他，总是想方设法地告诉对方，没有他的日子，你很难过，你一直没有放弃，一直在等他回来。

正是因为小玲的心里一直装着前任，所以她的心里装不下其他人了。

小玲分手一年后，朋友给她介绍了一个对象——刘先生。刘先生比小玲大五岁，是一家上市公司的业务经理，虽然不算高大英俊，但至少阳光活泼，最重要的是，他非常喜欢小玲。不管是生活上，还是工作上，只要是小玲遇到了困难，他都会第一时间给出解决方案。

然而，爱情就是这样，你对她有情，她对你无意。如果刘先生能比前任更早出现在小玲的世界里，那么前任根本不算什么。可惜的是，小玲的爱都给了前任，就算分手了，也霸占着小玲的心，不管刘先生怎么努力，终究打不开小玲的心。

朋友都劝小玲，刘先生真的很优秀，希望她能珍惜眼前人。可小玲却说，她喜欢像前任一样普通的人，刘先生太优秀了，她不喜欢。

对小玲来说，因为她放不下前任，所以才走不远，因为她对前任还抱有希望，所以再优秀、再合适的人，她都能找到拒绝理由。

小玲担心前任找不到她，手机号码、工作甚至连银行的密码都没换；领导想提拔她，派她出国进修半年，她都不去；家人、朋友给她介绍优秀的男士，她都一一拒绝。

在等待前任回来的几年里，小玲从韶华之年熬成了大龄剩女。当听到前任结婚的消息时，小玲把自己关在房间哭了一天一夜，后来她幡然醒悟：就算她一直站在原地等，前任也不会再回来了。

可是，当她终于认清这个事实的时候，一切都晚了。因为她多次拒绝公司的好意，最后只能停在尴尬的岗位，升不了职，涨不了薪；因为她在最美好的年华错过了许多优秀的男士，最后只能通过相亲，嫁给了一个差不多的人，将就过日子。

在人生的道路上，总会有风雨。最可怕的不是朋友的背叛，爱情的分离，而是经历过风雨后，你不再相信新的友谊和爱情，总是频频回头，错失良机。

人生真的挺短暂的，我们不要花太多的时间去追忆过去。人生本可以更美好，那些频频回头的人，注定走不了远路。

第6章

我们的许多难过，只是因为自己想太多

人这一生，总是在等。

等将来、等不忙、等下次；等有时间、等有条件、等有钱了。

等到最后，等没了健康，等没了机会，等没了选择；等来了遗憾，等来了后悔。

余生不长，与其惊慌，不如成长。

长大以后，我们就是自己的过来人

如轩是我的高中同学。认识他十几年了，他一直在折腾，他的人生格言就是："趁年轻，一定要折腾起来。"他流浪过、开过网店、在沙漠中露营、步行到新疆、骑行到西藏……

每隔一段时间，就会看到他在朋友圈伤春悲秋"人间不值得"，但过一会儿又像打了鸡血一样，奋战到天明。

这些年，身边的朋友们一个接一个组成自己的家庭，生儿育女，如轩却还是孑然一身。别的男同学都是挺着啤酒肚，但是他还是当年的少年模样。

有一次，我们视频聊天，摄像头那边的他咋咋呼呼，说是在他们当地的老城区盘下一个门面，开了个颇有情调的咖啡馆，和周围的商家打成一片，差点成为片区扛把子。

他说："人生就像是一道计算题，我做不到鱼和熊掌兼得，不如就做减法，把自己认为最重要的部分留下，其他的舍去。"

那段时间，我很崇拜他，我虽然不是很理解这句话的深意，只是很兴奋地觉得，他没有过公式般的人生，而是随性而过，做自己喜欢的事情，他肯定很自在，很有成就感吧。

直到后来，身边的朋友出国的出国，去外地的去外地，在火车站、机场挥泪如雨。我一个人在异乡，连个说话的人都找不到时，突然想起他说的那些话。也慢慢明白，选择没有对错，只有不同。

之所以会说这些，是因为最近朋友们遇到了很多问题：

“你说我要不要去进修一下啊，这个工作做的我一点成就感都没有；我干脆再去读个学位，找个更大的平台。”

“听说你们写爆款文很赚钱啊，你看我行吗？一篇挣个好几万是不是特别有成就感？”

……

在我的微博私信，也时常会收到一些粉丝的私信，跟我吐槽生活上遇到的问题，向我寻求帮助。我不会立即回复，一般都是隔一段时间再问问事情怎么样了。

我这么做的原因，一是因为人在最迷茫的时候，很容易轻信别人的“谗言”，我不能替别人做决定；其次，我们彼此的生活环境不同，我虽然能理解他，但始终做不到感同身受。如果我丝毫不顾及对方的处境，自说自话，那就是不负责任。

有时候，我也会反问我自己：“你做到哪一步了？你收获成就感了吗？”往往这个时候，我会陷入深深的思考，要不就是马上转移注意力做别的事情，可是又有一个声音反问我：“万一你出错了怎么办？”

我常在朋友圈看到这样的文章：“那些北上广深的高级白领都过着怎样的生活？”“我有房了，可我也一无所有了”“他到底爱不爱你，就看这五点”……这些所谓的建议不过是玩一些文字游戏，让你看完求一个心安理得罢了。

如果你一直把这些内容当成金玉良言，难免会掉进“鸡汤”的锅，过着被“鸡汤”掌控的人生。到最后你会发现，所有的是非对错，不过是你自己的一念之差罢了。

遇到事情，如果你只是想想，而不付诸行动，一直在纠结，那么你永远在原地踏步。如此一来，难怪你没有成就感。

以前出门旅行，确定目的地后，我恨不得把所有行程攻略、交通路线、美食打卡地都收藏下来，唯恐旅行的过程中出现什么小差子。可是，当旅行的次数多了，渐渐发现，目的地已经不重要了，重要的是路上遇到的人和事。

世界上的每一个角落都存在着未知的精彩，我们去到一个地方，必然会错过另一个地方。既然错过在所难免，不如尽全力享受当下每一个瞬间的美好。我甚至觉得，我们不用活得那么用力，多一些“擦肩而过”，生活会更有滋味。

人生就像做一道文科主观题，有参考答案，但是没有标准答案。我们做了什么样的选择，就会收获什么样的人生经验。

只有活得真实了，才会明白自己的所作所为到底值不值。

长大以后，我们就是自己的过来人。尝试不同的可能、体验不同的生活，才是走向成熟的唯一途径。

就算独自旅行非常慌乱，生病没有人照顾很凄惨，遇上渣男很心酸。但是你结束旅程后会收获一些人生感悟，大病初愈后会明白应该对自己好一点，走出情感的伤痛后会知道怎样辨别渣男，这难道不是一项成就吗？

生活，要亲自走一遭才知道什么叫精彩。

与其做个“愤青”，不如做个“奋青”

我们都有过年轻气盛的时候，青春的朝气就像是喷薄而出的火山岩浆，遇到什么事情都要发表一番自己的见解。当我们看到同龄人们赞许、崇拜的眼神时，内心别提有多满足了，那时的我们，总自诩为“愤青”。

三毛有句话我觉得拿来形容“愤青”再合适不过了：“看不顺眼的人，一句话都不讲，看顺的，就把心也给了人。”

记得我上高中时，一天放学后，我和一个朋友结伴回家。我们聊到最近哪个明星又出了绯闻，哪个班上的男生和哪个班的女生表白了。我们俩就这样在路上走着，背着沉重的书包，手上还提着装书的袋子，突然聊起了今天校长发表的“国旗下的讲话”。

“我们哪还会记得五四青年节啊，又不放假，只有校长这种老一辈的人才会记得，他们应该很有信仰。”

“我们也记得啊，只是没有那么深刻罢了。”

“我觉得这远远不够，我们年轻人应该有个自己的节日，而且要过得更加热烈！”

“是啊，我觉得我们就是被学业的压力压得喘不过气来，已经很难找到青年的热血了。”

……

关于这个话题，我们聊了一路。想起当年“忧国忧民”的样子，现在确实觉得有些幼稚可笑。虽然我们已经没有年轻时候的热血了，但是年少时的记忆一直在脑海里散不去。

我们高中时的班长是个“马屁精”，对老师点头哈腰的样子，让同学们都很反感。对这种溜须拍马的人，我更是讨厌得不行。我从来没有把他放在眼里，每次他有事找我帮忙，我都是“嗯嗯啊啊”地应付过去，好像跟他说句话，都会被传染上“马屁病”。

那时的我，以为这就是清高，这就是正直。现在却觉得当时的自己太幼稚、太轻浮，无缘无故就瞧不起别人。“愤青”的判断，根本没有逻辑，只讲感觉。

有一次班会课上，我们讨论了一个很有争议性的话题——高考。班主任很开明，让我们畅所欲言。我举了手，站起来，像连珠炮似的把高考从里到外“喷”了一遍，说得铿锵有力，有理有据。坐下时，我感受到我的小腿都在发抖，全班同学都在为我鼓掌，我的虚荣心得到了极大的满足，非常有成就感。

可是，当我长大后，明白的道理越来越多，才发现，自己当初那些“自大”的见解是多么单纯和局限。

作为“愤青”的我们会犯同一个错误，就是用自己的观点和喜好去衡量事物。没错，我总是用非常尖锐、犀利的词汇去抨击那些我看不惯的人和事情。判断的标准是什么呢？只是我的个人好恶。

我只知道做一个耿直的人，有话直说，却不明白自己对世界、对社会的了解只是冰山一角，我仅凭借这“一角”就对整座“冰山”发表言论。现在回想起来，我还有点尴尬，因为那些热血沸腾的言论，我已没办法修正。

我原本以为，只要有立场、有观点、有一腔热血就能当一名“愤青”，“愤青”就只能对那些所谓的“不公”打抱不平，语言越犀利、用词越尖锐就越有水平。这些“原本以为”都大错特错，等经历了很多事情之后才发现，现实和“愤青思维”恰恰相反，我们应该以理服人，而不是以“愤”服人。

慢慢地，我开始明白，与其当一个“愤青”，不如当一个“奋青”。我告诉自己，我要把那些年少轻狂的愤慨转化为努力学习的动力，多学一点知识，多涉足一些领域。伶牙俐齿不是武器，只有自己的阅历和知识达到一定高度，别人才会信服，当“奋青”比当“愤青”更有成就感。

有时候我也在思考，我们为什么会变成“愤青”呢？最重要的原因是因为我们不满，我们想发泄，想要改变现状。但是光凭几句满腔义愤的话能有什么作用呢？新时代的我们，应该静下心来，摄取更多知识，当好“奋青”，这样才能在面对不公时，有力地反击回去。

假如我当初没有走上“愤青”的“歧途”，现在也不会意识到当“奋青”的重要性。现在我依然会保持我的热血和勇气，但我不会再用单薄无力的语言去抨击任何事物。我要好好当一个“奋青”，让自己强大起来，用自己的知识和能力改变这个世界。

成长的过程，就是慢慢发现过去的自己有多傻的过程，特别是年少轻狂的我们。但是，只要我们能在错误中及时反省，并返回原本正确的道路，就能收获人生中的一笔宝贵财富。

再见，假想敌

在不少女生的眼里，一定有一个过不去的坎儿，就是现男友的前女友。为了打探到这位“劲敌”的消息，她们翻看男朋友的聊天记录和朋友圈，向男朋友的哥们儿侧面打听，生怕这位枕边人对前任还抱有一丝幻想。有些女生恨不得给男朋友一杯“忘情水”，让他忘记那段前尘往事。

如果这位“劲敌”长相一般、身材一般，就算了，如果对方各方面都强于自己，那她一定是这辈子都过不去的坎儿。

闺蜜慕青就饱受这位“假想敌”的迫害。她从小就争强好胜，凡是“别人家的孩子”都是她的眼中钉。很不巧，我们院子里的一个各方面都很突出的女生，和慕青从幼儿园到大学，一直都是同校，慕青一直被人压过一头。好在到了大学，慕青终于有了一个扬眉吐气的机会，和同系一个风云学长恋爱了。

有一次，学长的哥们儿过生日，叫上慕青一起去。一桌子人喝酒聊天好不开心，聊着聊着，突然提到了这个“邻家女生”。

同桌的男生说：“慕青，你们是老乡吧，那个女生真的还不错。有没有男朋友？”

学长见慕青脸色有变，赶忙圆场：“胡说八道什么呢，哪有我们家慕青好看。”

男生又说：“欸……你之前可不是这么说的！”

听到这句话，慕青气就不打一处来，饭还没吃呢，就愤然离席了。

从此以后，慕青再也没有给过学长好脸色看。一直把自己放在受害者位置上的慕青，彻底消沉了。活在“假想敌”阴影下的慕青，整天担心自己被超越、被劈腿、被无视，因此找不到一点生活的乐趣。

寝室的同学看她难过好心安慰，她说人家管得宽；学长对她包容忍让，反而让她变本加厉；同班同学评上先进，她说学校不公平，有内幕……

她对那个“阴魂不散的假想敌”恨之入骨，同样都是女生，自己却被她比得一无是处。还没过三个月，学长就和她提出了分手，因为他忍受不了慕青无缘无故的脾气和揣测。慕青十分委屈，打电话跟我哭诉她有多悲惨，多失败。

“我以前不是这个样子的，我怎么走到今天这个地步了呢？那个女生真的阴魂不散，我已经很努力了，最后还是被那个人打败了……”

身为旁观者，我不好随意发表意见。其实我想告诉她，她最大的敌人，就是自己。她之所以会觉得这么失落，这么没有成就感，是因为一直在作茧自缚。其实，只要你的内心足够强大，没有人能够伤害到你。

大部分情况下，我们所谓的“假想敌”，所谓的“阴魂不散”，其实都是一些假象，对方并不是什么魑魅魍魉，但却被我们肆意夸大成妖魔鬼怪。

心理学中有一个“投射效应”，说的是人都是自私的，我们把自己的经历、好恶、情绪、理念等强加到别人身上却不自知。

那些被你讨厌的人，身上一定有一些你渴望或者和你相同的特质。你潜意识里的自我保护机制开启，你不会承认是自己错了，只能“死鸭子嘴硬”，坚持认为自己是对的，错的是别人。

所以，我们常常会遇到这样的情况：现实生活中文质彬彬的人，一到显示屏后面，就变成了出口成脏的“键盘侠”；有的人说话口无遮拦，伤害到了别人的自尊心，却以为人耿直自居；有些工作不顺、情场失意的人，总觉得老天爷对不起自己，错误都是别人的，全世界都欠他的。这些人，绝不会从别人身上吸取长处，提升自己，只会挑别人的刺，来满足自己内心那狭隘的成就感。

我又想到了三毛。

三毛的一生活的非常洒脱，可是她也有一个“假想敌”，就是她的婆婆。

三毛在《亲爱的婆婆大人》中写道：荷西在圣诞节的时候带着她回家见母亲，三毛觉得自己把荷西从婆婆身边抢走，婆婆肯定恨死她了。于是一个劲儿地对自己说：“你婆婆肯定恨你恨到骨子里了，她特别反感你，是你的头号敌人……”

在婆婆家待的那几天，她生怕做错什么事，被婆婆抓住把柄。所以平时非常注重和荷西的相处距离，绝不会像二人世界一样，坐在荷西的腿上，拿荷西当靠背，也绝不亲吻他。

在文章的结尾，也算是个大团圆结局了，三毛写道：“我终于杀死了我的假想敌。我亲爱的‘维纳斯婆婆’，在号角声里渐渐诞生了。”

而现实和小说中相差甚远。三毛对婆家的自私和冷漠抱怨不已，特别是在荷西去世后。她虽然提及不多，但那是很明显能感觉到两家的关系不是很好。三毛的一生都在追求认同感，爱与被爱，她要求的不多，只要简单、纯粹就好。

如果你也被“假想敌”困扰已久，严重影响到自己的生活，怎么办呢？有时候，不是别人逼你太紧，而是你把自己囚禁得太死。与其跟那些“假想敌”过不去，不如好好开导开导自己。

一、你最大的敌人，就是你自己

为什么你对身边的人、事、物都充满恶意？因为你对自己都不够友善，对这个世界不够友善。你愤愤不平的爱而不得，不过是在显示你的无能。人生短短几十年，快乐才是第一要务，不用事事都自己扛。有空的时候，不妨“没事找事”，多给自己找些乐子，成就感自然会来。

二、不要以小人之心，度君子之腹

我们每个人都是一本书，当你在“阅读”对方那本时，能读到什么，收获什么，完全取决于个人能力。不要把你主观的判断当成客观的事实，其实别人根本不就不在乎你的“在乎”。

三、其实“假想敌”是我们的朋友，并非敌人

初中物理课上我们都学过，同频率才能出现共振。你把他当做敌人，他又何尝不是你上进的催化剂呢？说不定，你心里把他当敌人，就会随时督促自己变得更优秀，让你在低迷时不放弃自己。这些人，看似是敌人，其实就是你特殊的朋友。

如果你有“假想敌”，不妨放下内心的偏见，接纳他，了解他，大大方方说一声：“你好，假想敌。”

再多假闺蜜也不如一个真饭友

青春年少之时，一个人吃饭虽然轻松，但总会感觉很孤独、落寞。

燕子每到吃饭的时候，总是磨磨蹭蹭来到打饭的窗口，端起饭菜，然后巡视一圈，迅速地找到一个角落，飞奔而去。

最可怕的是碰到老师一脸攀谈的样子，直接落座到她的对面。这时，那些她爱的肉啊、鱼啊、蘑菇啊，会瞬间变得寡淡无味。

老师：“今天食堂的菜还可以啊！”

燕子：“嗯，还好。”

老师：“我吃完了，你慢慢吃！”

就这样，一顿午餐终于在尬聊中结束了。后来，燕子换了同桌，也因此有了第一位饭友。

那个时候，燕子叫她的同桌稀饭，同桌叫她馒头。她们在一起不仅对味更对胃，相处下来没有一点尴尬。

有时候周末没课，她俩一个探路，一个探店，满城东跑西颠，很是欢乐。

她们还相互约定，等以后上了年纪、白发苍苍之时，一定要相互搀着，东串门，西溜达，闲嗑瓜子，唠家常，搓搓麻将，聊聊八卦。幻想着上午孙子来了开个伙，炒个家常菜，煮碗银耳汤，下午睡睡觉，谈谈心。

都说年少不知月长，青春虽短暂，但亲密的伙伴早已战胜时间，让她俩的友谊坚不可摧。哪怕多年过去，暂别淡化了记忆，燕子也忘不了年少时吹过的牛皮："我以后挣了大钱，一定请你吃大餐。"还有同桌那张被米酒熏红了的笑眯眯的笑脸，以及不小心踢到路边的石头，疼得不行坐在路边大哭的样子。

虽然世间处处充满悖论，但唯有吃喝是不变的道理。真饭友就像是一碗暖胃的甜汤，它可以治愈我们的烦恼和忧伤。

在难得的假期里，我们总是喜欢叫上两三个知己好友，相聚在路边的烧烤摊，凉风袭来，喝着啤酒撸个串，好不惬意。

可每当我们拟定聚餐名单的时候，打开微信，满屏的熟人，却发现能约的人也就两三个。有些人因为工作太忙，实在抽不开身；有些人因为不喜欢吃辣的，每次吃饭都别扭；还有些人总是忙着减肥、塑身，生怕长痘痘，聚餐也就变得索然无味了。

一日三餐里，包含着人们的七情六欲。有人说，饭局如考场，得失都在唇齿间。吃饭是次要的，重要的是通过吃饭把事办成了才行。可是，在我们年轻人的世界里，聚餐不是为了办成事，而是为了找到志同道合的朋友。

就连甜咸豆花都会引起南北朋友的味蕾之争，又何况是不同的菜系呢？吃喝同频的朋友，三观不会差太远，不是吗？

可惜的是，我们身边的朋友总是来了又去，在人生的道路上，如果能遇到一个愿意拿最好的四季与我们分享的朋友，人生就得以圆满，这就是我们最大的成就感。

小时候，约在一起吃辣条就是好朋友。回到家中，丢掉书包，即使蓬头垢面地吃辣条，也觉得趣味繁多。可随着时间的推移，能一起吃饭的知己莫过于“晚来天欲雪，能饮一杯无”。漫漫长夜，灯光暖而暗，座位又软又宽，一桌人谈天说地，好不热闹。

渐渐地，我们发现，其实一个人吃饭也没什么不好，我们不必花自己的时间等人，不必主动攀谈，不怕尴尬，不怕笑场，不赶时间就慢慢吃，时间紧迫就狼吞虎咽，吃完就走，也很好。

与外界的世界打交道，不管我们是自愿的，还是被迫的，都要时刻守住自己的内心，要知道，再多的假闺蜜也不如一个真饭友。人生在世，饭友和知己一样难寻，缘分到时，不管吃的是浓汤鱼羹，还是清粥小菜；不管喝的是茅台、五粮液，还是自酿小酒，和对味的人在一起，就是对胃的菜。

你还那么年轻，不用一味地追求性价比

陈喆是一个漂亮的小哥哥，长得俊俏，学历也高，可偏偏就是个“注孤生”的命。他平时就喜欢撩人，凭着自己的长相和撩人的套路与技巧，身边的女朋友一茬一茬地换，各种类型的妹子应有尽有，可谓只见新人笑不见旧人哭。

有一次，陈喆和兄弟们聚餐，趁着酒兴向众人吐槽道：“谈恋爱太累了，既费心，又费钱。”大伙都疑惑不解：“喜欢一个人，应该开心的事呀？”

陈喆嚷嚷道：“开心什么呀，两个人一起出去吃饭不要钱吗，谁出？如果吵架了，谁先低头？如果她总是黏我，我又不想理她呢？”这话一出，众人皆翻白眼。

其实，在现实生活中，像陈喆这样把爱情当做交易的人不计其数，不知道从什么时候开始，现在的年轻人干什么都要追求性价比，几乎成了现代人的通病。他们认为当“我”变成“我们”的时候，花销会翻倍，烦恼会增长，就连自由都受到了控制。如果遇见对的人还好说，可如果遇见的人不对，还会把大量的时间浪费了，太不值得了。

不管是出于金钱关系，还是出于其他角度考虑，他们会对

爱情来个 360 度无死角考察，这样他们才能轻松地游走于爱情中，将所有的算盘都打在对方的身上。

有些人不管干什么都始终秉承性价比至上的原则。在网上买东西，会先看店家的好评率；高考填志愿，会看专业就业率；谈恋爱，要找靠谱的经济适用男……

在浮躁的社会中，在功利主义的影响下，才刚刚二十出头的他们就感觉到了巨大的焦虑。因为他们无法满足自己无尽的欲望，这种巨大的焦虑，让他们的生活变得没有安全感和成就感。

日剧《东京女子图鉴》中的女主角绫，给有钱人当过备胎，给服装店的老板当过小三，自己也养过小白脸，后来结婚又离婚。在这二十年间，绫一路打拼，从一个乡下女孩晋升为 Gucci 高层，可以说她的每一次人生抉择都是选择了性价比最高的那个。

可是，绫却从来没有真正地满足过、开心过，即使身居高位，她也觉得自己没有成就感。这么多年来，她被现实这个“大魔头”洗脑了，只想着追求性价比，却从来没有想过自己到底要的是什么，爱又是什么。所有看起来美好的一切，但都只不过是一种随波逐流。

相比而言，绫的妈妈更懂得生活的真谛。无论女儿在东京是怎样的，她永远都会在电话那头说一句暖心的话：“不要自己一个人在屋里吃泡面哦！”

最终，绫选择了放弃高性价比，回到开始的地方，与以前的男闺蜜结婚了。这说明，人们追求的高性价比，不一定能解决生命中的终极焦虑。

我们把虚荣心和得失心拽得越紧，丢失得反而越多。生活中的我们，大多都是如此，在欲望中无限循环，无视自己的幸福感和成就感。说的通俗一点，其实，人们想要的，只是一个高回报率、低风险的万能答案而已。

人们总是在问：什么专业简单好读？什么专业学分高？什么工作赚钱多？什么工作离家近？却从来没有人问过自己：什么才是你真正想要的？什么才是你真正热爱的？我们还那么年轻，可不可以不要一味地追求性价比。

有许多人，上学时一味地埋头苦读，最后成为了一个毫无趣味、只知道死读书的傻子；工作时，为了所谓的工作效率和成果，不顾身体的安危，一味地透支身体，最后因为太劳累，晕倒在工作岗位上。他们为了自己所谓的理想生活拼命，却忘了任何事都是有极限的，一味地追求性价比，会让人们失去得更多。

因为工作的关系，娟子认识了一位萌妹子，最开始的时候，娟子发现这位妹子的朋友圈里全是名牌的包包、鞋子以及各种奢侈品，心想这个人太虚荣了，不能深交。

可是后来，娟子发现其实这个妹子还是挺可爱的，她的价值观非常正："我只需要我自己喜欢的东西。"她拼命地赚钱，就是为了花钱的时候尽兴，既满足了自己心中的喜欢，又得到了成就感。

娟子问她："你这么辛苦地工作，赚钱也不容易，钱花得这么快，不心疼吗？"

结果妹子只回一句话："不心疼，我认得清自己的心，付得起这个代价。"

其实这位妹子说的也不算错，她所在乎的不是东西本身，而是自己的内心，而那些太在乎性价比的人，很难为自己的心付出行动。

如果上班的唯一目的是挣钱，结婚的唯一目的是为了繁殖后代，那么生活将不再有乐趣可言，煎熬会伴随一生。如果我们用功利的眼光去看待世间万物，那么所有的事将变得毫无意义。

生活本来就艰辛，我们为什么不能为了自己的心，去放弃世俗所追求的性价比？就凭着自己的一腔热情，一份爱意不好吗？自己喜欢的东西，不要总是询问别人的意见，喜欢胜过所有，千金难买我乐意。

有一颗平常心，更容易获得成就感

沫沫的朋友又在晚上给她发微信了：“我要和他分手，这次是真的过不下去了。”

其实,沫沫的这位朋友已经在这段恋情中苦苦挣扎四年了。在这四年中，他们的感情跌宕起伏，伦理剧里的戏码他们几乎都上演了一遍。而不分手的理由却是：“我们都见过双方的父母了，如果分手了，别人会怎么看我？”

沫沫深知，这一次的诉苦无非又和以前一样，吐槽、委屈、发誓，一个不少，然后，又很快和她的男朋友拾起一地鸡毛，和好如初。

朋友总是对沫沫说：“如果是你，你会怎么做？分手？还是在一起？要是大家知道我们分手了，一定会笑死我的……”

这些所谓的假设背后，隐藏的是朋友的脆弱与无力。这种一波三折、分分合合的虐恋就像是朋友自导自演的苦情戏，每一集都哀怨万分。

以前的沫沫，也喜欢钻牛角尖。所有的心思都放在心里，什么事都让对方猜，做得不明显，又怕对方不知道，做得太明显又怕无法考验对方。自己的心思明明全在对方身上，满心的关爱，开口却说不出半句好话。

后来，相识越久，架吵得就越多，每次沫沫都泣不成声，对方只好怯怯地说：“你就直说，我到底应该怎样做？”

现在回想起来，沫沫都觉得挺遗憾的，年少的时候，不知道“暗自揣测”是最伤害感情的。内心戏太多，才会让我们活得这么辛苦，这么累，与其这样，不如用一颗平常心去对待生活，这样反倒更容易获得成就感。

与其让焦虑扰乱我们的心境，使我们变得不快乐，还不如直白地告诉对方自己内心的恐惧和不安。爱，是互相包容，而非我们所愿。

不管你是在情场上，还是在职场内，尽量少给自己加戏。

唐岩刚上班的时候，就是内心戏十足的少年，能力弱，却又想得多。

刚上班那会，白天只要是他能看得到的，能听得到的都要做一番联想；晚上也会忍不住想起白天在办公室的糟心事，然后在内心做好辞职的打算；如果有不投缘的同事，会感觉对方的一举一动都在针对自己。

后来，连他都受不了自己的内心戏了，他觉得自己憋得慌，活得太累。于是，他在电脑前贴上了一句话：“你对别人的注解，不能构成万分之一的别人，却是一览无余的自己。”

这样一想，其实每个人的内心戏似乎都不少。当话不投机、气氛微妙之时，我们难免会想：“他是不是故意的，故意在针对我？”甚至和朋友一起分析，这个人究竟值得深交吗？

其实，所有脑海中的这些小剧场十有八九都是自己的臆想，许多陈年旧事会被记忆粉饰，造成我们的错觉。明明不是排挤，可我们却整日以泪洗面；明明不是冷落，可我们却主动退避三舍，以至于后来我们总觉得对方面目可憎。而对方呢，也做出了负面的反馈，对我们以牙还牙，结果就是两人的关系恶化，难再修复。

如果我们向朋友吐糟，谁谁谁心机太重了，有的朋友会说：“如果你觉得别人要害你，你就躲远点；如果实在是躲不了，你就接招！”如果实在是不能做到彼此欣赏，那就做好自己，让自己拥有一颗平常心就好。

周末的时候，我们一边吃着早餐，一边在想今天要做的事：洗衣服、晒被子、洗厕所、丢垃圾、给家人打电话、晚上出门吃个饭……边想边觉得烦躁，好不容易休息一天怎么有这么多的琐事？最后，在烦躁中，事也没做成，心情也不好，一天就这样悄然过去了。

其实，很多时候，人之所以感觉自己活得很累，没有成就感，是因为想得太多。

“我该不该继续这份工作，没有前途，好迷茫？”

“男朋友对我很好，可是他不能给我想要的生活，到底要不要分手？”

“领导今天说的话到底是什么意思？我要不要这样做？”

这些内心的想法或多或少会削弱我们的锐力、磨损我们的心气、浇灭我们的斗志。如果我们的内心一直停留在过去，幻想着未来，那么我们就不能集中精力活在当下。

反观身边的成功人士，他们就从来不会去纠结令这些烦恼的人和事，他们总能快速地进入解决问题的模式。当那些戏精们还在犹豫不绝的时候，他们早已收拾好自己的心，想着如何才能更好地解决问题。

我们并不是让你断情绝爱没脾气，也不需要你凡事都洞察清楚无干扰，只需要你少一些算计，多一些活力，这样你的日子才不会过得苦闷，才会觉得人生有盼头，有成就感。

尤其是在选择面前，要有一颗平常心，不要内心戏太足，要知道有舍才有得。山也要爬，庙也要拜，生活也要直面，不要犹豫不决，更不要把希望寄托在虚无缥缈的事物上。我们要创造属于自己的美好生活，就要顺从自己那颗扑通扑通跳着的心。

请给你的控制欲“减减肥”

小伟和朋友一见面，就迫不及待地说：“我受不了了，我的女朋友是个控制狂。”

其实，小伟和他的女朋友两人的关系一直都挺不错的，只是他的女朋友比较粘人，刚开始的时候你侬我侬，小伟没觉得有什么不好，可时间一长，小伟就有些受不了了。因为女朋友太强势了，他俩的相处越来越像主人和宠物的感觉。

只要出去吃饭，微信必须定位，电话必须 24 小时待命，说几点回来就必须几点到家……小伟在所有的事情上都要听女朋友的，否则女孩就闹脾气。碰上女朋友心情不好的时候，如果小伟不听使唤，那么他就变成了最好的出气筒。

每次女朋友都是用命令的语气对小伟说话，而小伟每次都是唯唯诺诺，大气都不敢出。就算是这样，依旧满足不了女朋友不停抱怨的嘴。到后来，相看两不厌变成了看了就讨厌，女朋友的各种声音都变成一种旋律——《金刚经》。

朋友听完小伟的吐槽，苦笑道：“还真是为难你了！”

其实，每一个陷入爱情的女孩，都会有些“作”，就像豌豆公主一样，即使隔着 20 床鹅毛被也能感觉有一颗豌豆在硌着她。

可是，这种24小时随时待命、每天唠叨个不停、不听话就冷暴力的生活，又有谁愿意过？长期在这样的环境下生活，对方愿意当一只听话的提线木偶吗？爱情里，最不能要的就是控制欲，越想要控制，就越容易失去。

有些人喜欢把“不对，你说错了”这样的话挂在嘴边，总是反驳别人的观点，然后把自己的观点强加在别人的身上，听不进一点不一样的声音；总是按自己的计划进行，如果发生意外情况，就会焦躁不安；如果发生了争执，也不会主动解决，总是等着别人来道歉。

那些外表强势的人，内心住着一个胆怯的孩子。其实，那些“控制欲”极强的人，在与人相处的时候，就像是在坐跷跷板，一头坐着自恋，一头坐着自卑，无法平衡自己的内心。因为自卑，所以总是患得患失，紧紧地拽着自己手中的东西不放，生怕一不小心就没有了；因为自恋，所以总是像巨婴一样，自以为是，以为自己是所有人的中心，看不到人际的边界。

那些所谓的外部矛盾，只不过是他们内心自卑和自恋的对峙、冷战和分裂，而由此表现出来的强势，其实是为了掩饰他们内心的恐慌和不自信。

电影《心魔》就是一场强烈“控制欲”下的悲剧：丈夫和小姨私奔后，女主角把自己所有的心思都转移到了儿子的身上。

她对儿子控制欲极强，孩子就是她的全部，就是她的人生。在这种控制欲下长大的儿子整天游手好闲、不务正业，最终沦为了杀人犯，即使儿子后来锒铛入狱，也认为这一切都是妈妈的错，与他无关。

直到最后的那一刻，女主角才恍然大悟，真正害了儿子的，是自己这么多年来畸形的爱，是自己强烈的控制欲。

“你就听我的安排不行吗？”

“我都是为了你好，你为什么不能理解我？”

“如果我说的你都做不到的话，那我们还是分手吧！”

……

现实生活中，像这样的人不计其数，他们往往以受害者的面孔出现，然后以施压者的心态待人。他们希望别人都朝着自己期望的方向改变，希望自己被无条件地满足；他们时刻关注自己的情绪和诉求，却往往忽略了别人的现状、处境和心理状况。

而对方出于各方面的考虑，开始会选择隐忍、服从和牺牲。但是双方在这种相处模式下，即使再相爱的两个人也会变成猫捉老鼠：一方穷追不舍，一方拼命逃窜，最后一拍两散。

在恋爱中，我们可以打情骂俏，可以撒娇，可以装蒜，也可以撒泼，但是不能一切以自己的需求为出发点，否则终将作茧自缚。

明明双方可以光明正大地聊一聊，非要偷偷地探听对方的隐私；明明可以好好商量，非要强迫对方；明明是两个人的生活，非要自己一人全权掌控。

恋爱中的人们就像个大孩子一样，用超强的控制欲来表达在乎，用石头一样的臭脾气来掩饰自卑。《少年班》里有句台词说得好："爱不是免责声明，不是随时解渴的自动售货机，更不是把对方变成第二个你。"

相处不是一人指挥一人听，而是相互包容，相互理解，协同并进。所以，请给你的"控制欲"减减肥吧，这样会让相处变得更和谐，让生活变得更美好。

培养自己爱与被爱的能力

相信大家经常在小说和电视上看到这样的话："那个人虽然衣衫褴褛，但仔细看他的神态和举止，眉宇间颇有王霸之气，他日必成大器。"

琴子每次返乡的时候，家里人说得最多的就是："小琴，你也该谈婚论嫁了，就算找不到门当户对的，最起码也要找一个潜力股！"

琴子一直觉得"潜力股"这个词太玄乎了，口说无凭，什么叫潜力？难道是指他能在水里憋气三十分钟不换气？还是说可以为我徒手翻越雪山采摘雪莲？抑或说今天的他带我住瓦棚，明天的他带我住别墅呢？

都说莫欺少年穷，可花季姑娘们想挑个现成的也没有错。年轻的我们总是怀着美妙的幻想，看不起现实生活的平庸。

有些女孩说：“如果没有遇到我喜欢的，那我就嫁个有前途的潜力股。”她们嘴里的“潜力股”往往等于“会赚钱”。

不难想象这种抱着低价买进、坐等升值心态的人，会陷入怎样的困境：当对方的潜力迟迟没有得到发挥时，她们一定会心生抱怨，争吵个不停，最后惨淡收场；或者说当潜力股升值的时候，你能百分百确定他会不离不弃？所有的受益都落到你的头上吗？

当然，如果你能找到一个条件好、人品好、相貌佳的潜力股，人生确实有可能会一步到位，但是，这究竟是因为你会运筹帷幄，还是你懒惰不自知呢？很多情况下，当我们凭借侥幸，获得超出自己能力范围之外的东西时，往往会损失更多的东西。况且，我们都不是伯乐，往往没有辨识千里马的本领。

如果一个人资质平平，智商、情商都不高，那么这个人是没有办法准确地判断对方是否具有真正的潜力。当一个人的学识、阅历和修养不足的时候，他的目光所能看到的地方，都是虚妄的假象。

小雪的表姐不仅学历高，而且肤白貌美，追她的人不是海归、高管，就是富二代，可是最后表姐却找了一个非常普通的丈夫。两人没有婚礼，只有蜜月，婚后，表姐从市中心的高级公寓搬到了郊区的小平房。表姐身边所有的人都不看好他们的爱情，可是他们却过得比谁都幸福。

表姐说，她现在的小日子很幸福，也挺滋润，而且也有成就感。下班后，养花弄草养鱼，好不惬意。生活上虽然并不富足，但内心却富足、适意。这么多年来，能在半夜起床给她买药的人，也只有姐夫一人。

表姐说，年轻的时候，我们最多只能判断下限，却很难预估上限。当我们遇到合适的人时，不要想得太多，这样日子才会过得更幸福。

表姐的话究竟是对还是错，小雪没有办法判断，但是她知道，人生有太多的意料之外，即使我们有再多的谋略和远见，在命运的捉弄下也会显得肤浅。与其用一个硬性的标准和公式去衡量对方，还不如用我们的心去真切地感受、思考和体验。

或许经常会有人问朋友："男朋友一点上进心都没有，每天都在混日子，这样下去我们还会有将来吗？我还要和他继续吗？"其实，比起答案，她们更需要朋友的认同感，他们甚至希望从朋友的口中听到分手二字，这样她们才有勇气和借口离开这个不争气的男人，才能坦然地退出这段感情。

但是，每一段感情中的皇冠都会生锈，就看你怎样去对待，是悉心地擦拭后再戴上，还是随手丢弃后再寻找新的皇冠？你要问问自己的内心，是否愿意接受这样一个碌碌无为的他？能不能接受眼前这个平庸的男人？

如果你的心犹豫了，那么你不妨放慢你恋爱的脚步。如果他手里的牌本来就很烂，可是他在努力地打好，那么你应该给予他应有的掌声，而不是对他明里鼓励、暗里嫌弃。如果他经过努力后还是相去甚远，那么即使你离去，也应该在告别之前吻醒他挺拔的灵魂。

就像上面的表姐所说，等你年岁渐长的时候，你会发现，其实嫁给谁，最后都是差不多的。未来本身就带有太多的不确定性，如果仅仅用如果来定义结果，那么就会出现眼高手低的情况。

“只有嫁个好男人，才能过上好日子。”

“最不济，你得找个潜力股，不然就没有好日子。”

“他一看就不是什么潜力股，你还是要考虑清楚！”

不管是小时候，还是现在，我们都生活在这样一个未来式的语境中。几乎所有的人都用成功标签看待人生，都认为潜力股才会让我们的人生充满希望。可是，所谓的前途和潜力又不是挂在脸上的，我们又如何能分辨真正的潜力股呢？

现实生活中，那么多有缘无分的人，就连当初的山盟海誓都会变成感情的枷锁，何况是老天爷的一缕红线呢？能够珍惜现在就已经很难得了，要想掌控未来还是言之过早。其实开心才是唯一的标准，那个他能否让你开心，才是最重要的。这里所说的开心不是表面意义的嘻嘻哈哈，而是彼此间的一种满足感和成就感。

假如我们是拜金女，那么钱就可以令我们开心；假如我们是文艺青年，那么对方的才华就可以令我们满足……就是这样简单。

因为每个人的成长经历、眼光和格局是不一样的，所以对潜力的定义也是不一样的。有的人认为隐忍、稳重就是有潜力；有的人认为头脑灵活就是有潜力；还有些人认为家境优渥就是有潜力……

所以，与其成天嚷嚷着说要找一个有潜力的男朋友，还不如先认清自己想要的到底是什么。因为比起未来能给你更好的生活而言，努力培养自己爱与被爱的能力才是最重要的。

当我们真正达到自己的要求后，才会拥有更多的选择权。